# 피부노화학

## 늙지 않는 얼굴은 없다

이지영 지음

자유아카데미

## 머리말

*이 책이 당신 손에 닿기까지*

『피부노화학. 늙지 않는 얼굴은 없다』는 원래 학생들을 위한 교재였습니다. 피부 노화의 원리를 조금 더 쉽고, 조금 더 흥미롭게 설명해주고 싶었으며, 이론이 피부 위에서 어떻게 작용하는지 연결해주는 다리 같은 책이면 좋겠다고 생각했습니다.

그런데 강단을 내려오고 나서 전혀 다른 질문들을 마주하게 됐습니다.

"피부 노화를 고객에게 어떻게 설명하죠?"

"이 복잡한 걸 말로 쉽게 풀 수 있을까요?"

"이론은 이해했는데, 설명하려니 말이 안 나와요."

이 질문들은 단지 몇몇 사람의 고민이 아니었습니다. 인플루언서, 쇼호스트, 화장품 브랜드의 BM, 에스테티션들까지 현장에서 피부를 마주하는 많은 분들이 비슷한 어려움을 겪고 있었습니다.

그리고 저 역시 현장에서 일하면서 그 마음을 실감하게 됐습니다. 정보는 있는데, 말할 수 있는 언어가 없다는 것. 그래서 이 책의 방향도 달라졌습니다. 이론적 내용을 알려주는 것뿐만 아니라, 실질적으로 도움이 될 수 있도록 피부 노화의 원인과 방지법에 대하여 자세히 다루도록 노력했습니다.

지금 저는 화장품을 직접 기획하고 개발하는 R&D 팀장으로 일하고 있습니다. 이론을 가르치던 사람이, 이제는 성분을 짜고, 피부에 닿을 결과를 고민하는 사람이 된 것입니다. 이 책엔 제가 강의실에서 전하던 이야기들과 현장에서 부딪히며 얻은 고민과 경험, 그리고 피부를 둘러싼 수많은 현실적인 질문들이 함께 담겨 있습니다. 저의 고민과 경험이 당신의 피부를 이해하고 설명하고 돌보는 데 조금이라도 힘이 되었으면 좋겠습니다.

누군가에게 피부 노화를 말해야 하는 순간, 혹은 거울 속 내 얼굴이 낯설게 느껴지는 순간, 이 책이 당신 곁에 조용히 놓여 있기를 바랍니다.

2025년 7월

이지영 드림

# 차례

## ✦ 6장

# 1장

# 피부노화와 얼굴 구조의 변화

## 당신의 얼굴 속 타임머신

우리는 하루에도 여러 번 거울을 바라봅니다. 문득 그 거울 속에서 "어? 내 얼굴이 예전 같지 않네…" 하는 낯선 느낌을 받은 적이 있으신가요? 그 순간 우리는 대부분 피부 위에 생긴 몇 줄의 주름이나 탄력의 저하를 원인으로 생각하곤 합니다.하지만 진정한 얼굴의 노화는 그렇게 단순하지 않습니다. 피부 표면에 나타난 변화는 사실, 얼굴 깊은 곳에서 시작된 미세하고 조용한 균열들이 쌓이고 쌓인 결과일 뿐이죠.

얼굴은 단지 하나의 얇은 층으로 이뤄져 있지 않습니다. 피부 아래에는 얼굴의 형태를 지탱하는 뼈, 움직임과 표정을 만들어 내는 근육, 얼굴의 입체감을 유지하는 지방층, 그리고 가장 겉을 감싸는 피부가 있습니다. 이 네 가지 구조가 마치 오케스트라처럼 서로 긴밀하게 연결되어 있습니다.

하지만 시간이 흐르면 이 네 가지 층은 서서히 균형을 잃어가기 시작합니다. 얼굴을 지지하던 뼈는 조금씩 줄어들고, 근육은 탄력을 잃어 힘이 약해지며, 지방은 한쪽으로 쏠리거나 감소합니다. 그러면 그 위의 피부는 더 이상 탄탄히 받쳐지지 못한 채 중력의 힘에 끌려 점점 아래로 처지게 되죠. 얼굴의 노화는 피부라는 한 겹의 문제가 아니라, 이 네 가지 층에서 일어나는 복합적인 다층 구조의 이야기입니다.

여기, 아주 오랫동안 사용한 쿠션을 떠올려볼까요?

처음에는 볼륨감이 있고 형태도 예쁘지만, 시간이 지날수록 속에 든 내용물이 한쪽으로 쏠리고 납작해지면서 형태를 잃게 됩니다. 우리의 얼굴 구조도 똑같습니다. 처음에는 탄력 있고 입체적이었던 얼굴이 점점 생기를 잃고, 평평해지고, 무거워 보이는 이유가 바로 여기에 있습니다.

이런 과정을 이해하면 깨닫게 될 것입니다. 주름 크림을 바르고 피부 표면만 관리하는 것만으로는 결코 근본적인 변화를 줄 수 없다는 사실을요. 진정한 노화 관리는 겉이 아니라, 얼굴 속 다층 구조가 변화하는 리듬과 원리를 정확히 아는 것에서 시작되어야 합니다.

노화는 누구에게나 찾아오는 자연스러운 삶의 흐름입니다. 하지만 우리가 얼굴 속 구조의 변화를 제대로 이해하고 관리한다면, 우리 얼굴 속 '타임머신'은 훨씬 더 천천히, 훨씬 더 부드럽게 움직이기 시작할 것입니다.

이제부터 우리, 얼굴 속 깊은 곳에 숨겨진 시간의 비밀을 하나씩 열어볼까요?

이 책을 덮는 마지막 페이지까지, 제가 함께 하겠습니다.

## 1. 얼굴 노화의 원인: 얼굴 속 다층 구조의 비밀

우리가 거울 속 얼굴을 바라보며 변화의 징후를 감지할 때, 대부분은 피부에 생긴 주름이나 탄력 저하 같은 표면적인 문제를 먼저 떠올립니다. 하지만 얼굴 노화의 진짜 시작점은 눈에 보이는 그 위가 아니라, 피부 아래 깊은 구조에서부터 비롯됩니다.

뼈, 근육, 지방, 피부—서로 다른 네 개의 층이 정교하게 맞물려 있는 이 복합적인 구조는 시간이 흐르며 각기 다른 속도로, 다른 방식으로 변해갑니다. 그 변화는 조용히, 오랜 시간에 걸쳐 누적되며 결국 표정, 인상, 얼굴의 입체감 전체를 바꿔놓습니다.

이러한 변화는 마치 시계 속 톱니바퀴들이 오랜 시간 동안 마모되면서 전체적인 작동이 조금씩 느려지는 것과 같습니다. 우리가 표면에서 발견하는 문제는 그저 결과일 뿐입니다. 실제로는 피부 아래, 눈에 보이지 않는 더 깊은 곳에서 오랫동안 축적된 변화들이 비로소 나타나는 것입니다. 얼굴의 노화를 제대로 이해하고 관리하려면, 단지 피부 표면만이 아니라 그 이면에 숨어있는 다층적 구조의 변화를 함께 이해해야 합니다. 그것이 바로 피부 노화라는 복잡한 퍼즐을 풀어가는 첫 번째 열쇠입니다.

### 1) 뼈 조직의 노화: 얼굴 골격이 작아진다?

*"촘촘하게 잘 맞춰진 퍼즐의 판이 작아진다면, 그 위에 올린 조각들도 흘러내릴 수밖에 없어요."*

얼굴의 구조를 떠받치는 뼈는 나이가 들수록 서서히 흡수되고 작아집니다. 특히 광대뼈, 턱뼈, 눈 주위 뼈는 눈에 띄게 변화하는 부위인데, 이 변화는 마치 퍼즐판이 작아지면서 조각들이 자리를 잃고 흘러내리는 것과 비슷하죠. 이처럼 뼈라는 구조물의 축소는 피부와 지방을 지탱하지 못하게 하여 처짐과 주름의 주요 원인이 됩니다.

### 2) 근육 조직의 노화: 표정 근육의 무력화

*"처음엔 탄탄했던 고무줄도 오래 쓰면 늘어져서, 잡아당겨도 제자리로 돌아오지 않잖아요."*

표정근은 단지 표정을 만드는 것뿐 아니라 얼굴 전체의 형태를 유지하는 중요한 역할을 합니다. 그러나 세월이 흐르면 근육은 점점 탄력을 잃고 이완되며, 피부를 떠받치던 힘이 약해집니다. 결국 무표정한 얼굴에서도 늘어짐이 두드러지고, 전체적으로 피곤하고 나이 들어 보이는 인상이 자리잡게 됩니다.

### 3) 지방 조직의 노화: 사라지거나, 몰리거나

*"마카롱 속 필링이 골고루 차 있어야 모양이 예쁜데, 한쪽으로 쏠리거나 빠지면 흐물흐물해지죠."*

젊고 입체적인 얼굴 라인을 만드는 데 핵심적인 요소는 바로 균형 잡힌 지방층입니다. 하지만 노화가 진행되면 지방세포는 줄어들고, 남은 지방조직은 중력의 영향을 받아 한쪽으로 쏠리거나 하안면으로 내려옵니다. 그 결과 볼은 꺼지고 턱선은 흐릿해지며, 얼굴의 입체감은 사라지고 윤곽은 무너져 내립니다.

### 4) 피부 조직의 노화: 자외선과 중력, 이중의 적

*"한여름 햇빛에 오래 방치된 천은 색이 바래고 늘어지듯, 피부도 자외선과 중력 앞에선 속수무책이에요."*

피부의 탄력은 콜라겐과 엘라스틴 같은 구조 단백질 덕분에 유지됩니다. 하지만 자외선은 이 단백질을 파괴하는 효소(MMPs)를 활성화시키고, 중력은 피부를 하루하루 아래로 끌어당기죠. 이처럼 외부(자외선)와 내부(중력)의 공격이 반복되면, 피부는 얇아지고 주름지고, 탄력을 잃으며 눈에 띄게 변화합니다.

### 얼굴의 볼륨 변화: 풍선에서 납작한 베개로

*"바람을 가득 넣은 풍선은 팽팽하지만, 바람이 빠지면 금세 주름지고 납작해지죠."*

젊은 얼굴은 상안면(이마, 눈 주위)과 중안면(광대, 볼)에 볼륨이 집중

돼 '역삼각형' 구조를 이루며 생기 있고 또렷한 인상을 줍니다. 하지만 노화가 진행되면 이 볼륨이 하안면(턱과 목 부위)으로 내려가며 얼굴 형태는 '정삼각형'으로 변합니다. 볼륨은 꺼지고 턱선은 무뎌지며, 이중턱과 목 주름이 두드러지게 나타나는 것이죠.

## 얼굴 노화, 단순히 피부의 문제가 아니다.

우리 얼굴의 노화는 단순히 피부 표면에 나타난 주름 몇 줄로 끝나는 간단한 문제가 아닙니다. 뼈가 작아지고, 근육은 힘을 잃고, 지방은 위치를 바꾸며, 피부는 탄력을 잃는 등, 보이지 않는 얼굴 속 네 가지 층의 변화가 서서히 겹겹이 쌓여 비로소 드러나는 현상입니다. 그래서 단순히 주름만을 펴주는 시술이나 피부 표면에만 집중된 화장품으로는 근본적인 해결이 어렵습니다. 얼굴의 진정한 노화 관리, 그것은 바로 얼굴의 내부 구조를 정확하게 이해하는 것에서 시작합니다.

얼굴의 노화는 피부라는 표면 아래 숨겨진 작은 변화들이 축적되어 나타나는 결과입니다. 마치 잘 짜인 퍼즐처럼, 얼굴은 뼈, 근육,

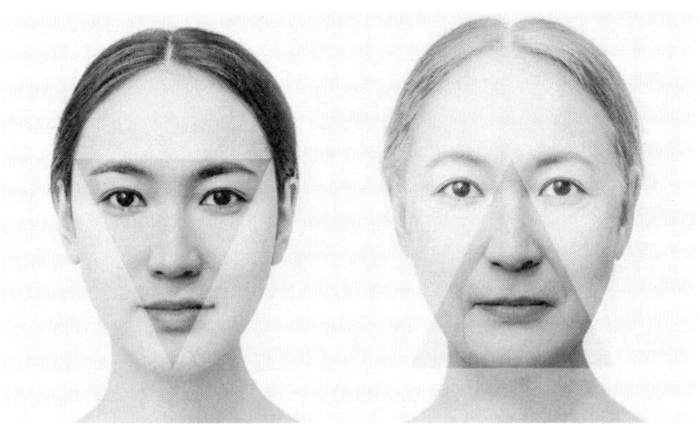

지방, 피부라는 네 개의 층이 정교하게 어우러져 있습니다. 이 중 단 하나의 층이라도 균형을 잃으면 전체 인상이 달라지기 시작합니다.

이러한 관점에서 노화를 이해한다는 것은 단순히 미용 관리가 아니라 전략적이고 과학적인 접근이 됩니다. 예를 들어, 스킨케어 제품 하나를 선택할 때도 단순히 피부 표면의 문제만 보아서는 안 됩니다. 내 얼굴의 어떤 층에서 문제가 시작되었는지 정확하게 알고, 그 문제를 해결할 수 있는 제품을 선택하는 것이 중요합니다. 겉으로 드러난 피부 문제만 보고 제품을 고르는 것은 마치 배가 고픈데 포장지만 만지고 있는 것과 같기 때문입니다.

### 얼굴의 형태가 말해주는 '노화의 언어'

우리 얼굴은 노화가 진행됨에 따라 형태 자체가 바뀝니다. 젊은 얼굴과 노화된 얼굴은 그 형태가 완전히 다릅니다.

- 젊은 얼굴은 볼륨이 위로 집중된 '역삼각형' 구조입니다. 이마와 눈가, 광대와 볼 부분에 볼륨이 풍부하여 얼굴이 입체적이고 갸름하며, 생기 있고 탄력 있는 인상을 줍니다.
- 반면, 노화된 얼굴은 볼륨이 아래쪽으로 처진 '정삼각형' 구조입니다. 이렇게 되면 눈 아래와 볼은 꺼지고, 지방과 피부 처짐이 턱과 목 부위로 내려오면서 얼굴 전체가 무거워 보이게 됩니다. 턱선이 흐려지고, 이중턱이나 목 주름이 두드러지면서 나이가 더 들어 보이게 됩니다.

이 변화는 마치 풍선에 바람이 빠지듯이 서서히 진행됩니다. 얼굴의 탄탄하고 팽팽했던 볼륨이 시간이 지나면서 아래로 처지고 변화하면서, 처음엔 미세하게 나타났던 노화의 흔적이 어느새 뚜렷한 인상으로 자리 잡습니다.

이제 얼굴의 노화를 이해할 때는, 피부 하나만 바라봐서는 안 됩니다. 얼굴 전체 구조의 변화를 읽고 관리하는 것, 이것이 바로 진정한 노화 관리의 시작입니다.

### 마스크 시대가 드러낸 '하안면 노화'

팬데믹 이후 마스크는 단순한 방역 도구를 넘어, 얼굴 인식의 법칙 자체를 바꿔 놓았습니다. 이마와 눈만 드러나고, 입가와 턱선은 가려지는 시대-그러나 마스크를 벗는 그 순간, 드러나는 하안면(입가~턱선)의 상태가 인상 전체를 결정짓습니다. 볼륨이 줄고 윤곽이 흐려진 하안면은 기둥이 꺼진 텐트 천처럼 무겁고 축 늘어진 인상을 남깁니다. '동안'과 '노안'의 갈림길은, 바로 이 아래 얼굴에 숨어 있는 셈이죠.

**하안면 관리: "마스크 미인"을 넘어서** 이제는 눈보다 **입가와 턱선이 인상의 승부처**입니다. 마스크를 벗는 순간, 하안면이 얼굴 전체의 균형과 나이를 드러냅니다. 그래서 지금, 하안면은 **미용 관리의 핵심 구간**이 되었습니다. 볼륨과 탄력을 지키기 위해서는 다음과 같은 접근이 효과적입니다.

- **보톡스 & 필러**: 무너진 윤곽을 정리하고, 사라진 볼륨을 복원합니다.
- **고주파 & 레이저**: 진피층의 콜라겐 생성을 자극해, 탄력과 리프팅 효과를 이끌어냅니다.

- **홈케어 루틴**: 리프팅 마사지, 턱선 스트레칭, 자외선 차단
  가장 기본적이지만, 가장 꾸준히 해야 하는 관리입니다.

**얼굴 노화, 다층적 접근이 답입니다.**

- 스킨케어 제품을 고를 때, **지금 내 피부의 어느 층에 문제가 생겼는지를 먼저 아는 것.**
- 미용 시술을 고민할 때, **어떤 층을 타겟으로 효과가 작용하는지를 이해하는 것.**

그것이 바로 진짜 '**피부노화학**'의 출발점입니다. 노화는 겉에서 시작되지 않습니다. 피부 아래 뼈, 근육, 지방, 진피…. 그 모든 층의 변화가 겉으로 드러날 뿐이죠. 이제는 단순히 **겉을 가꾸는 뷰티 루틴**이 아니라, 얼굴 속 구조까지 이해하고 접근해야 할 때입니다.

여러분의 얼굴 속 '**타임머신**'이 조금 더 천천히 흘러가도록 이 책이 그 여정을 함께할 것입니다.

## 2. 피부 구조와 피부 노화: 노화의 비밀을 품은 피부

매 학기 '피부노화학' 강의의 첫 시간, 저는 학생들에게 두 가지 질문을 던집니다.

"여러분이 요즘 가장 고민하는 피부 문제는 뭔가요?"

"지금 사용하는 스킨케어 제품이 정말 내 피부에 잘 맞는다고 생각하나요?"

그러면 놀랍게도 비슷한 답변들이 쏟아집니다. 건조함, 지나친 유분, 잔주름, 탄력 저하, 색소 침착… 표현은 달라도, 결국 모든 피부 고민은 같은 뿌리에서 시작됩니다. 바로, 시간이 흐르며 생기는 '피부의 변화'입니다.

사실 20대의 피부도, 40대의 피부도 모두 같은 길을 걷고 있습니다. 그 길 위에서 고민의 모양만 조금씩 달라질 뿐, 본질적으로 피부가 겪는 변화는 똑같습니다. 바로 "피부는 언제나 변한다는 것."

피부는 단순히 우리 몸의 표면을 덮고 있는 얇은 막이 아닙니다. 외부의 자극을 가장 먼저 받아내고, 내면의 변화를 섬세하게 표현하는 '생생하게 살아 숨 쉬는 장기'입니다. 그래서 피부는 단순히 외모를 결정짓는 것 이상의 의미가 있습니다. 그것은 우리가 살아온 삶의 흔적과 경험이 세밀하게 새겨진, 우리 몸이 기록한 가장 정직한 '기억의 장부'입니다.

### 1) 피부 고민의 여정: 신생아 발진에서 노년의 주름까지

갓난아이의 연약한 피부에도 발진이 생기고, 사춘기엔 여드름이 올라옵니다. 30대가 되면 칙칙한 피부톤과 반복되는 트러블로 고민하고, 40대 이후로는 잔주름과 탄력 저하가 서서히 얼굴을 채웁니다. 피부는 평생 우리에게 다양한 방식으로 말을 걸어옵니다.

그런데 이 오랜 고민을 단지 지금 유행하는 성분이나 SNS에서 핫한 제품 하나로 해결할 수 있을까요? 피부 노화는 단순히 시간이 흐른다고만 진행되는 것이 아닙니다. 유전, 환경, 생활 습관, 스트레스까지 모든 요소들이 피부 세포 하나하나에 복합적으로 작용하며 노화라는 결과물을 만들어 냅니다. 결국 피부의 모습은 우리가 살아온 삶

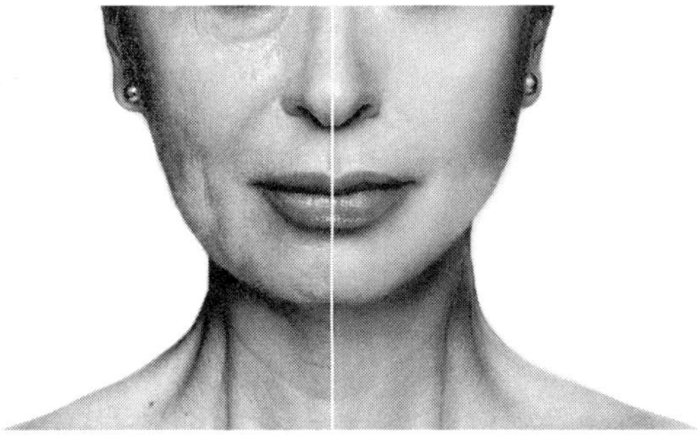

의 기록이자, 우리가 선택한 습관의 거울입니다.

### 2) 피부 노화의 차이를 만드는 비밀: 가려진 피부 vs. 노출된 피부

서울대 피부과에서 진행한 흥미로운 실험이 하나 있습니다. 70대 노인의 얼굴 중 햇빛을 지속적으로 받은 쪽과, 옷으로 가려져 있던 쪽의 피부 상태를 비교한 실험이었습니다.

자외선에 지속적으로 노출된 쪽은 주름이 깊게 패이고 피부가 처져 있었지만, 옷으로 가려진 반대쪽 피부는 상대적으로 탄력이 유지되고 매끈한 상태였습니다. 이 사례는 '광노화(photoaging)'가 실제 피부 상태에 얼마나 직접적인 영향을 미치는지 명확히 보여줍니다.

즉, 피부 노화는 단순히 나이가 아니라 '어떻게 살아왔는가'의 기록입니다. 자외선, 미세먼지, 흡연, 스트레스 같은 외부 환경이 쌓일수록 피부는 더 빠르고 깊게 늙어 갑니다. 피부는 우리의 일상을 그대로 기억하고 있습니다.

### 3) 피부 노화를 늦추는 기본 원칙: 작은 습관이 미래를 바꾼다

*"비싼 화장품보다 중요한 건, 매일 반복하는 작은 습관입니다."*

피부 노화 관리의 핵심은 바로 일상의 꾸준한 습관입니다. 매일의 작은 행동 하나하나가 쌓여 피부의 미래를 결정합니다.

### (1) 자외선 차단: 가장 간단하면서도 강력한 안티에이징

자외선은 피부 노화의 약 80%를 차지합니다. 매일 아침 SPF30 이상의 자외선 차단제를 바르고, 가능하면 2~3시간마다 덧발라 주세요. UVA까지 막아주는 PA+++ 등급 이상이면 더욱 좋습니다. 햇빛은 피부에 보이지 않는 '노화의 화살'을 지속적으로 쏘아대고 있습니다.

### (2) 항산화 식단: 피부를 보호하는 '내면의 방패'

비타민 C와 E, 폴리페놀 같은 항산화 성분이 풍부한 식단은 피부를 지키는 천연 방패가 되어줍니다. 매일 챙기는 블루베리 한 줌, 녹차 한 잔은 피부를 위한 천연 자외선 차단제입니다. 또한 단백질과 콜라겐 합성을 돕는 아미노산 섭취 역시 피부의 탄력을 유지하는 데 필수적입니다.

### (3) 수면과 운동: 피부 재생의 황금 시간

밤 10시에서 새벽 2시, 이 시간대는 피부가 스스로 복구하는 '골든 타임'입니다. 충분한 수면은 피부가 다시 살아나는 데 결정적인 역할을 합니다. 또한, 일주일에 3~4회 정도의 가벼운 운동은 피부에 산소와 영양을 공급해 생기 있고 건강한 피부를 유지하도록 돕습니다.

### (4) 보습 관리: 피부 속 '수분 저수지'를 지켜라

히알루론산, 세라마이드, 글리세린 등 보습 성분은 피부 속 깊은 곳에서 수분을 붙잡는 역할을 합니다. 마치 스펀지가 물을 머금듯 피부 속에 수분이 충분히 저장되어 있으면 탱탱하고 탄력 있는 피부를 유지할 수 있습니다. 일상에서 수분 크림, 미스트, 가습기 등을 적극 활용하여 피부 장벽을 튼튼하게 지켜주세요.

### (5) 금연과 스트레스 관리: 노화의 속도를 늦추는 숨겨진 열쇠

담배는 피부 혈관을 수축시켜 세포로 가는 산소 공급을 막고 피부 손상을 촉진합니다. 스트레스 역시 피부에 염증을 일으켜 다양한 피부 트러블의 원인이 됩니다. 명상, 요가, 깊은 호흡 같은 작은 습관을 통해 마음을 편안하게 유지하면, 피부 또한 건강하고 젊은 상태를 유지할 수 있습니다.

피부는 단순히 외모를 드러내는 기관이 아닙니다. 우리가 살아온 삶, 매일의 감정, 건강 상태까지도 그대로 기록하는 '생체 일기장'과 같습니다. 그 일기에 아름답고 생기 있는 내용을 써 내려가기 위해 오늘부터 아주 작은 습관을 시작해보세요. 이 책이 당신의 아름다운 피부 여정을 안내하는 든든한 동반자가 되어 드릴 것입니다.

## 3. 피부 구조와 피부 노화: 피부 속에 숨겨진 '3층 구조'의 비밀

피부는 단순히 겉모습을 결정하는 얇은 막이 아닙니다. 피부는 자외선과 미세먼지, 기온 변화 같은 수많은 외부 자극에 맞서 우리 몸을 지켜주는 든든한 '생체 방패'이자, 몸과 세상을 연결하는 '소통의 창구'입니다.

이 피부라는 정교한 방어체계는 표피, 진피, 피하조직이라는 세 개의 층으로 이루어져 있습니다. 각 층은 저마다 독특한 방식으로 외부의 자극으로부터 우리 몸을 보호하고, 피부의 건강과 외모에 직접적인 영향을 주며, 세월이 흐르는 것을 피부 위에 기록합니다.

이 세 가지 층은 우리 눈에는 보이지 않는 세포와 미세한 구조물들로 구성되어 있지만, 그 안에는 삶의 모든 흔적과 노화의 비밀이 고스란히 담겨 있습니다. 피부가 보여주는 변화는 결국 이 층들의 보이지 않는 균형이 흔들리기 시작했다는 신호입니다.

이제, 피부 속 3층의 구조를 하나씩 살펴보며 노화의 비밀을 밝혀내고, 건강하고 아름다운 피부를 오랫동안 유지할 수 있는 실천적 방법들을 함께 찾아가겠습니다.

### 1) 표피(Epidermis): 외부 자극으로부터 피부를 지키는 최전방 수비수

우리 눈에 보이는 가장 바깥쪽 피부, 표피는 마치 외부 공격을 막는 견고한 갑옷과 같습니다. 매일같이 새로운 세포가 탄생하고, 오래된 세포는 각질이 되어 떨어져 나가며 스스로 끊임없이 새로워집니다.

피부가 거칠어지고 화장이 잘 들뜨거나 칙칙하다면, 이는 표피의 턴오버 주기가 깨졌다는 피부의 신호입니다. 표피가 건강해야 피부는 수분을 잘 머금고, 외부 자극을 견디는 강력한 방패로 기능할 수 있습니다.

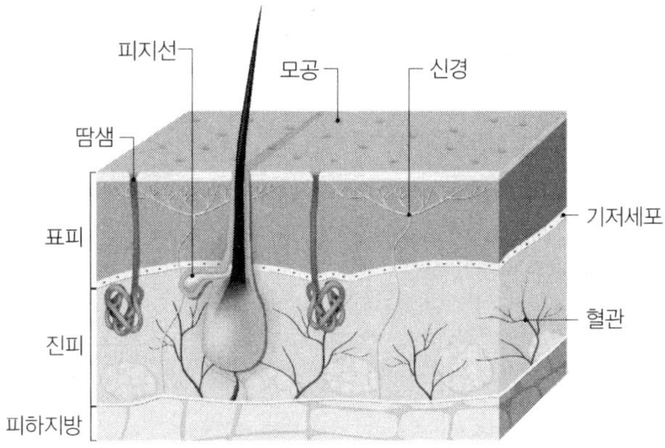


피부의 기본 구조

### 2) 진피(Dermis): 피부의 탄력과 생기를 책임지는 든든한 기둥

진피층은 피부에 탄력과 지지력을 제공하는 콜라겐과 엘라스틴 섬유로 빼곡히 채워진 공간입니다. 혈관, 신경, 피지샘, 모낭까지 자리 잡고 있어 피부에 생명력과 활력을 불어넣는 역할을 합니다.

"텐트의 기둥이 흔들리면 천도 무너져 내리듯, 진피층이 약해지면 피부 전체가 처지고 주름이 깊어집니다."

진피층이 건강할 때만이 피부는 탄탄하고 탱탱한 구조를 유지할 수 있습니다.

### 3) 피하조직(Subcutaneous Tissue): 얼굴 볼륨을 지탱하는 숨은 쿠션

피하조직은 피부의 가장 깊은 층으로, 지방과 결합 조직이 풍부하게 채워져 있습니다. 이곳은 우리 몸의 에너지를 저장하고, 체온을 유지하며, 외부의 충격을 완화하는 쿠션과 같은 역할을 합니다. 특히 얼굴에서는 이 지방 조직이 나이가 들면서 점점 줄어들거나 아래로 처져 윤곽을 무너뜨리고 나이 든 얼굴로 변화하게 합니다.

| | 표피<br>(Epidermis) | 진피<br>(Dermis) | 피하조직<br>(Subcutaneous Tissue) |
|---|---|---|---|
| 위치 | 피부의 가장 바깥층 | 표피 아래에 위치한 두 번째 층 | 피부의 가장 깊은 층 |
| 구성 | 주로 케라티노사이트 세포로 구성 | 주로 콜라겐과 엘라스틴 섬유로 구성 | 주로 지방과 결합조직으로 구성 |
| 작용 | 표피는 새로운 세포가 아래층에서 생성되어 위로 밀려올라오며 죽은 세포가 벗겨지는 과정을 반복 | 피부의 탄력성과 강도에 영향을 줌 | 피하조직은 신체를 외부 충격으로부터 보호 |
| 역할 | 피부의 보호 기능을 유지하고 상처 치유에 도움 | 피부의 영양 공급, 감각 전달, 체온 조절 등을 담당 | 체온을 유지하며, 에너지를 저장하는 역할 |

*"오래된 소파의 쿠션이 점점 납작해지듯, 얼굴 속 지방 역시 시간이 지나면 조금씩 사라지고 처지면서 형태를 잃어갑니다."*

피부의 세 층(표피, 진피, 피하조직)이 서로 균형을 이룰 때 피부는 건강하고 생기 있게 빛납니다. 그러나 나이가 들수록 이 조화가 깨지며 피부는 겉에서부터 속까지 흔들리기 시작합니다. 피부를 지키는 일은 결국, 이 피부 속 세 층의 균형을 유지하는 일입니다.

## 4. 피부의 구조와 기능: 건강과 아름다움을 지키는 피부의 세 층

피부는 단순한 외모의 틀을 넘어, 건강과 아름다움을 책임지는 탁월한 보호자입니다. 매 순간 피부는 바깥세상과 맞서 싸우며, 표피, 진피, 피하조직이라는 세 가지 층을 통해 완벽한 팀워크를 발휘하고 있습니다.

표피는 가장 바깥에서 외부의 자극을 막아주는 '첫 번째 방어막'이며, 진피는 피부에 생명력을 불어넣고 탄력을 유지하는 '튼튼한 중심 기둥'이고, 피하조직은 충격을 완화하고 에너지를 비축하는 '숨겨진 보호 쿠션'의 역할을 합니다.

이 세 층은 각자 고유한 임무를 수행하면서도 서로 긴밀하게 연결된 통합 시스템으로 움직입니다. 표피는 각질층을 통해 수분 손실을 막고 외부 자극을 효과적으로 차단하며, 진피는 콜라겐과 엘라스틴 섬유로 피부에 탱탱한 탄력과 구조적 지지력을 제공합니다. 피하조직은 지방층을 형성하여 외부 충격을 흡수하고, 체온 유지와 에너지 공급 등 다양한 기능을 수행합니다.

피부의 구조를 정확히 이해하는 것은 건강하고 아름다운 피부를 위한 중요한 첫 걸음입니다. 이제, 피부의 가장 바깥층인 '표피'에서부터, 피부가 우리를 보호하고 지켜내는 방법을 하나씩 자세히 살펴보겠습니다.

### 1) 피부의 방패, 표피

표피는 마치 우리 몸을 덮고 있는 '전사의 갑옷'과 같습니다. 유해물질, 자외선, 세균과 같은 수많은 위협 요소들로부터 우리 몸을 지키는 1차 방어벽 역할을 하죠. 이 단단한 보호막은 여러 층의 상피세포가 층층이 쌓인 '중층 편평상피'라는 구조를 가지고 있어, 외부 자극은 효과적으로 차단하고 내부의 소중한 수분은 단단히 지켜줍니다.

특히 표피 중에서도 가장 바깥에 있는 '각질층'은 피부 보호의 핵심입니다. 각질층은 외부 자극으로부터 피부를 보호할 뿐만 아니라, 피부 내부 수분이 빠져나가는 것도 막아주는 이중 장벽 역할을 합니다. 각질층이 건강하게 잘 정돈되어 있을 때, 피부는 촉촉함과 생기를 유

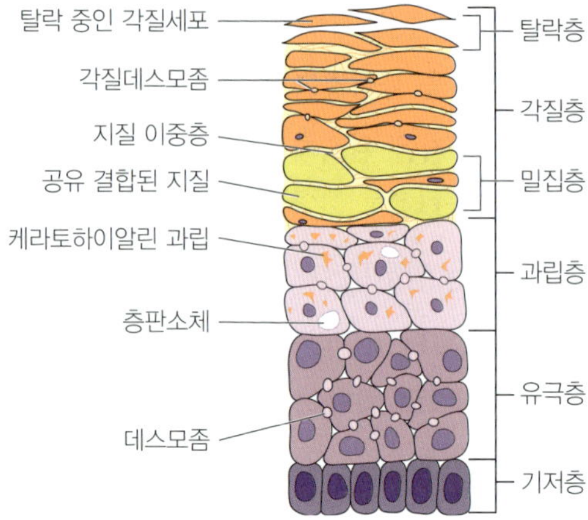


지하며 화장품의 유효 성분들이 제대로 작용할 수 있습니다.

하지만 이 완벽한 방패가 하루아침에 만들어지는 것은 아닙니다. 표피는 기저층, 유극층, 과립층, 각질층이라는 네 개의 층으로 구성되어 있으며, 가장 아래에 위치한 기저층에서부터 피부는 매일 새롭게 태어나고 있습니다. 피부가 튼튼하고 건강한 보호막이 되기 위해서는 이 네 층이 조화롭게 작동하는 것이 필수적입니다.

이제, 피부의 탄생과 재생이 시작되는 가장 깊은 곳, '기저층'에서부터 표피가 어떻게 형성되고 변화하는지 함께 들여다보겠습니다.

### (1) 기저층(Basal Layer): 피부 재생의 시작점

표피의 기저층은 피부 재생이 시작되는 생명력이 가득한 공간입니다. 이곳은 마치 하루 24시간 쉼 없이 가동되는 '피부 세포 공장'과도 같습니다. 기저층에서 끊임없이 만들어지는 각질형성세포(Keratinocyte)는 위쪽으로 올라가면서 서서히 성숙하여 결국 각질층에서 피부의 튼튼한 보호벽을 형성하게 됩니다. 즉, 피부는 매일 이 기저층에서 태어나고, 또 새롭게 변화하고 있는 것입니다.

이곳에는 또 다른 중요한 세포가 있습니다. 바로 피부의 색을 결정짓는 멜라닌세포(Melanocyte)입니다. 멜라닌세포는 자외선을 감지하는 순간 즉각 반응해 멜라닌 색소를 생성하고, 이 색소를 주변의 각질형성세포에 전달하여 자외선으로부터 피부를 보호하는 역할을 합니다. 멜라닌이 과도하게 생성되면 기미나 주근깨 같은 색소침착을 만들기도 하지만, 동시에 피부 깊숙한 곳까지 자외선이 침투하지 못하게 하는 든든한 방패 역할도 해냅니다.

### 각질형성세포: 피부를 만드는 핵심 일꾼

기저층에서 생성된 각질형성세포는 마치 건축 현장에서 벽돌을 쌓듯 차곡차곡 피부를 구축합니다. 이 세포들이 점차 피부 표면으로 이동하면서 최종적으로는 각질세포(corneocyte)가 되어, 피부 가장 바깥쪽의 보호 장벽인 각질층을 완성합니다.

#### ① 면역기능의 조율자

각질형성세포는 단순히 물리적 장벽만 만드는 게 아니라, '사이토카인(cytokine)'이라는 면역 신호 물질을 방출하여 염증 반응을 조절하고 병원균 침입 시 피부 방어 시스템을 신속히 가동하는 '피부의 경비원' 역할도 합니다.

#### ② 필라그린과 천연보습인자(NMF)

세포 내부의 '필라그린(filaggrin)'이라는 단백질은 분해되면서 천연보습인자(NMF)를 생성하여 피부가 건조한 환경에서도 수분을 유지할 수 있도록 돕습니다. 덕분에 피부는 부드럽고 촉촉한 상태를 지속할 수 있습니다.

③ 피부의 방수막

각질층의 방수 기능 덕분에 물이 쉽게 피부를 통과하지 못합니다. 각질세포 사이를 촘촘히 메우는 지질(lipid)층이 피부의 수분 증발을 효과적으로 차단합니다.

④ 흡수 조절

피부는 아무 성분이나 자유롭게 받아들이지 않습니다. 히알루론산이나 글리세린 같은 보습 성분은 각질층을 통과해 피부 깊숙이 흡수될 수 있지만, 대부분의 성분은 각질층에서 차단됩니다. 이를 개선하기 위해 '흡수 촉진제(인핸서)'를 이용하는 것이 중요합니다.

### 턴오버(Turnover) 주기: 피부가 스스로를 재생하는 생체 달력

피부는 끊임없이 스스로를 교체하며 새로운 피부를 만들어 냅니다. 이를 '피부 턴오버'라고 하며, 기저층에서 시작된 세포가 각질층을 거쳐 탈락하기까지 약 28일이 걸립니다. 이 28일의 주기는 피부의 건강과 아름다움을 유지하는 핵심입니다.

① 피부 재생의 28일 주기

기저층에서 만들어진 새 세포는 약 14일간 위로 이동해 각질층까지 올라갑니다. 각질층에서 14일을 더 머물며 피부를 보호하다가 마지막으로 각질로 떨어져 나갑니다. 이 순환 과정이 총 28일입니다.

② 턴오버가 느려지면 나타나는 변화

30대 이후, 피부의 재생 주기는 점점 느려지며, 각질이 제대로 탈락하지 않고 쌓이면서 피부 표면은 칙칙하고 거칠어지며 탄력을 잃게 됩니다. 이것이 바로 피부 노화의 시작입니다.

③ 턴오버를 유지하는 피부 관리법

피부 턴오버를 최적화하려면 피부의 자연스러운 재생을 지원하는 루틴이 중요합니다.

- **보습**: 수분은 피부 세포가 원활하게 이동하고 교체될 수 있도록 돕습니다. 피부가 건조하면 턴오버가 늦어지고 각질이 쌓입니다.
- **순한 각질 제거**: 효소 필링이나 AHA 같은 자극이 적은 제품으로 오래된 각질을 정기적으로 제거하면, 피부는 신선한 상태를 유지할 수 있습니다.
- **자외선 차단**: 자외선은 피부 세포의 DNA 손상을 일으키고 피부 재생을 방해합니다. 매일 SPF30 이상, PA++ 이상의 선크림 사용은 피부 턴오버의 필수 조건입니다.

**피부는 하루아침에 늙지 않는다.**

세포 하나하나가 건강하게 제 역할을 해낼 때, 피부는 젊고 생기 있는 상태를 유지할 수 있습니다. 당신의 피부는 매일 새로운 모습으로 다시 태어나고 있습니다. 이 턴오버 리듬을 지키는 것이 피부 건강과 아름다움을 유지하는 가장 확실한 길입니다.

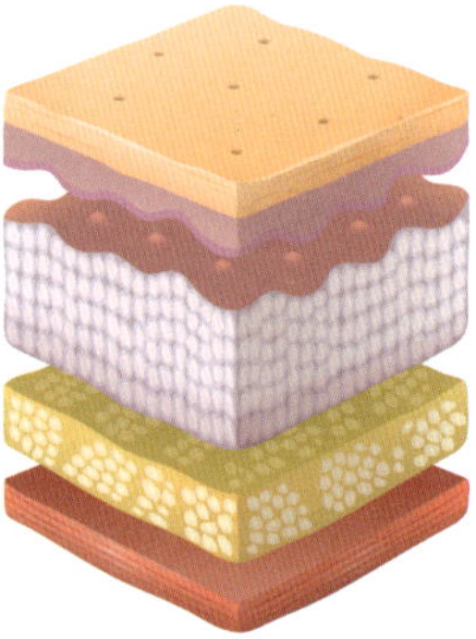


### 멜라닌세포(Melanocyte): 피부 톤을 결정짓는 '빛과 그림자'의 균형

피부톤은 단지 미적인 의미를 넘어 피부 건강 상태를 반영합니다. 표피의 가장 아래쪽 기저층에 자리잡은 멜라닌세포는 피부, 눈, 머리카락의 색을 결정하는 멜라닌 색소를 만들어냅니다. 자외선이 피부에 닿으면, 멜라닌세포는 신속히 반응하여 멜라닌을 만들어 각질형성세포에 전달하여 자외선이 더 깊숙이 침투하지 못하도록 막습니다.

#### ① 멜라닌세포의 작동 방식: 나만의 천연 자외선 차단막

우리 피부는 햇빛 아래에 설 때, 단순히 그을리는 것이 아니라 스스로를 지키기 위한 정교한 방어작전을 펼칩니다. 그 중심에 바로 멜라닌세포(Melanocyte)가 있습니다.

멜라닌세포는 가지처럼 뻗은 '수지상돌기(dendrite)' 구조를 갖고 있으며, 약 36개의 각질형성세포(Keratinocyte)와 네트워크를 이루고 있습니다. 이 연결망을 '표피 멜라닌 유닛(Epidermal Melanin Unit)'이라 부르며, 자외선(UV)이 피부에 닿는 순간, 멜라닌세포는 즉각 멜라닌을 생성해 각질세포에 전달합니다. 이는 곧, 자외선이 진피 깊숙이 침투하

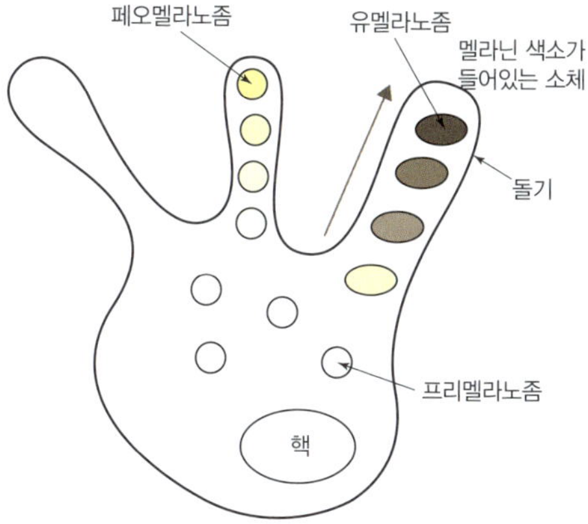


멜라닌세포(melanocyte)

지 못하도록 막아주는 '천연 차단막'을 형성하는 과정입니다.

즉, 멜라닌은 피부 위에 드리워진 자연의 그늘막과 같습니다. 햇빛 아래 피부가 어두워지거나 '탠(tan)' 현상이 나타나는 것도, 멜라닌이 세포를 보호하기 위해 만들어내는 '보호의 흔적'인 셈이죠.

하지만 여기엔 반전도 존재합니다. 이 멜라닌이 특정 부위에 과도하게 생성되거나, 균일하게 분해되지 않고 오래 남게 되면 이야기는 달라집니다. 그 결과로 기미, 주근깨, 검버섯과 같은 불균형한 색소 침착이 생기고, 이는 마치 피부 위에 드리운 '노화의 그림자'처럼 인상 전체를 흐리게 만듭니다.

### ② 멜라닌의 두 얼굴: 유멜라닌 vs. 페오멜라닌

멜라닌은 크게 두 가지 종류로 나뉩니다. 그리고 이 구성 비율이 각자의 피부색, 기미 발생 정도, 자외선에 대한 민감도까지 결정합니다.

- **유멜라닌**(Eumelanin): 짙은 갈색~검은색을 띠며, 자외선 차단 효

과가 탁월합니다. 강한 햇볕 아래에서도 피부를 보호해주는 '자연 방패' 역할을 하며, 주로 피부가 어두운 사람들에게 많습니다.

- **페오멜라닌**(Pheomelanin): 노란색~붉은색을 띠고, 유멜라닌보다 자외선 차단 능력이 현저히 떨어집니다. 자외선에 노출되면 산화되어 활성산소를 발생시키므로, 피부세포 손상과 색소 침착의 원인이 되기도 합니다. 금발 머리, 주근깨, 밝은 피부톤을 가진 사람들에게 흔히 나타납니다.

페오멜라닌이 많은 피부는 자외선에 민감해 기미, 홍조, 주근깨에 쉽게 노출되는 반면, 유멜라닌이 풍부한 피부는 자외선에 강하지만 색소가 깊고 진하게 남을 수 있습니다. 이처럼 멜라닌의 성질에 따라 피부가 받는 자극과 회복력은 달라집니다.

③ 멜라닌의 균형과 피부톤

멜라닌은 단지 많은 것이 문제가 아니라, 얼마나 균일하게 분포되고 적절히 분해되는지가 중요합니다. 맑고 건강한 피부톤을 유지하려면 균형 잡힌 멜라닌 관리를 통해 균일한 톤을 만들어야 합니다. **얼마나 고르게 분포되어 있는가, 얼마나 빠르게 분해되느냐**가 핵심입니다.

- **균일한 분포**: 멜라닌이 고르게 퍼져 있으면 피부는 매끈하고 맑아 보입니다.
- **불균일한 축적**: 한 부위에만 몰리면 기미, 주근깨, 잡티처럼 피부 톤이 얼룩덜룩하게 보이게 됩니다.
- **느린 분해**: 멜라닌이 피부에 오래 남아 있으면 피부가 칙칙하고

탁해 보이게 되며, '탄력은 있어도 어딘가 피곤한 인상'을 줍니다.

즉, **맑은 피부**란, 멜라닌이 적은 피부가 아니라 **잘 정돈된 피부**입니다. 이 관점에서 보면, 색소 관리도 단순 미백이 아닌 '균형 잡힌 멜라닌 컨트롤'이어야 합니다.

### 피부색을 좌우하는 또 다른 주인공들

- **혈액(헤모글로빈)**: 피부에 생기를 주는 붉은 빛은 산소가 풍부한 혈액이 만들어냅니다. 혈류가 원활할수록 피부는 밝고 건강해 보이죠. 운동 후 얼굴이 붉어지고 생기 있어 보이는 이유도 이 때문입니다.
- **카로틴(Carotene)**: 당근, 고구마 등 주황색 채소에 들어 있는 이 색소는 피부에 따뜻한 황색을 더해줍니다. 카로틴이 적당히 축적되면 건강한 피부빛을 만들어주지만, 과하면 손발이 노래지는 일시적 황변증도 나타날 수 있습니다.

### 환경과 유전, 피부색은 생존의 전략

피부색은 단지 유전적 결과가 아닙니다. **환경에 대한 생존 전략의 산물**입니다.

- 적도 근처의 자외선이 강한 지역에서는 멜라닌 생성이 활발해 어두운 피부가 자외선으로부터 DNA를 보호합니다.
- 반면 고위도 지역에서는 멜라닌 생성이 적어 밝은 피부로 비타민 D 합성을 극대화합니다.

맑고 균일한 피부 톤을 원하는 사람들에게 멜라닌은 '없애야 할 것'이 아니라, '조율해야 할 것'입니다. 자외선을 막아주는 아군이지만, 때로는 적군이 되기도 하는 이 이중성은 피부색 관리의 핵심 포인트입니다. 멜라닌세포의 작동 원리와 피부색을 결정하는 요소들을 이해하는 순간, 우리는 비로소 기미, 잡티, 칙칙함에 대한 전략적인 접근이 가능해집니다.

피부색은 유전뿐 아니라 환경과 생활습관까지 반영된 복합적 신호입니다. 멜라닌을 무조건 없애려 하기보다는, 잘 이해하고 조율하는 전략적인 접근이 필요합니다. 피부 건강과 아름다움을 위해 멜라닌과의 균형 잡힌 공존을 유지하세요.

### (2) 유극층(Spinous Layer): 피부 장벽의 핵심 연결고리

유극층은 표피 기저층 바로 위에서 피부의 견고함을 책임지는 매우 중요한 구조입니다. 피부는 단순히 겉보기만 부드럽고 유연한 것이 아니라, 외부 압력이나 자극에도 쉽게 무너지지 않는 강력한 보호 장치를 갖추고 있어야 합니다. 그 중심에 바로 유극층이 존재합니다.

#### ① 피부 세포의 철통 결합, 데스모좀

유극층을 구성하는 세포들은 입체적이고 다각형의 형태로 서로 촘촘히 연결되어 있습니다. 특히, 이 세포들을 붙잡아 주는 것이 바로 데스모좀(desmosome)이라는 강력한 접착 단백질입니다. 데스모좀은 피부 세포 사이를 매우 단단히 연결해, 외부 자극이나 물리적 충격에도 쉽게 찢어지지 않도록 피부를 보호합니다. 마치 벽돌 사이를 단단히 채우는 시멘트처럼 피부 전체의 견고함을 유지하는 기반이 됩니다.

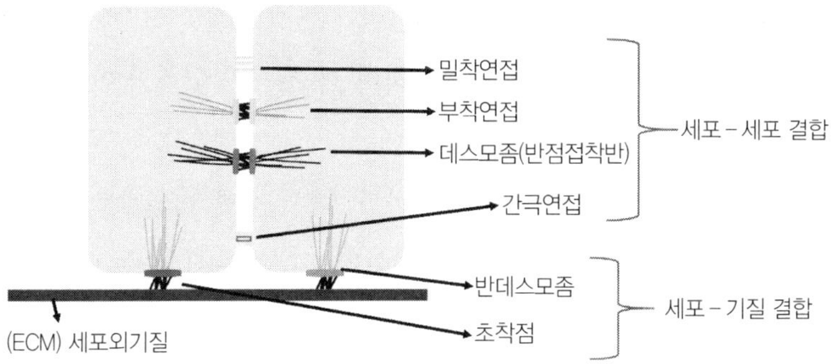


**데스모좀 구조 확대도**

만약 이 연결이 약해지면 피부는 외부 환경에 쉽게 민감해지고, 장벽 기능이 떨어져 습진이나 건선, 아토피 같은 피부 질환이 빈번히 나타나게 됩니다.

### ② 각질형성세포가 자라는 성장기지

유극층은 기저층에서 올라온 각질형성세포(Keratinocyte)가 성숙하는 중간 지점입니다. 이곳에서 세포들은 점차 납작한 형태로 변하며, 다음 단계로 올라가기 위한 준비를 마치게 됩니다. 각질형성세포는 유극층에서 피부 장벽을 만들기 위한 단백질과 지질 성분을 준비하고, 이후 과립층과 각질층에서 더욱 단단한 보호막을 형성합니다. 이 과정이 원활히 이루어져야 피부 결이 매끄럽고 건강해지며, 조금이라도 이상이 생기면 피부가 거칠어지고 건조해지며 민감성 피부로 변할 수 있습니다.

### ③ 피부 면역의 첨병, 랑게르한스 세포(Langerhans cells)

유극층에는 피부의 면역을 책임지는 중요한 세포가 있습니다. 바로 **랑게르한스 세포**(Langerhans cell)입니다. 이 세포는 마치 공항의 검

색대처럼, 외부에서 들어오는 병원균이나 유해 물질을 신속히 감지하고, 그 정보를 면역 시스템에 전달하여 몸 전체의 면역 방어를 활성화시킵니다.

랑게르한스 세포가 항원을 인식하면, 즉시 주변 림프절로 이동하여 면역 반응을 조율합니다. 피부에 상처가 생겼을 때 빠르게 감염을 차단할 수 있는 이유도 바로 이 세포 덕분입니다. 하지만 랑게르한스 세포가 약화되면 피부는 쉽게 감염과 염증에 노출되고, 아토피와 같은 만성 질환으로 이어질 수 있습니다.

#### ④ 유극층의 건강이 곧 피부 장벽의 건강

결론적으로 유극층은 단순히 지나가는 층이 아닙니다. 피부를 단단하게 지탱하고, 외부 자극으로부터 안전하게 보호하며, 동시에 면역력을 유지하는 중심 역할을 담당합니다.

피부 관리에서 유극층의 건강을 지키는 핵심은 철저한 보습과 최소한의 자극입니다. 피부 장벽을 강화하는 성분을 함유한 제품을 꾸준히 사용하는 것도 유극층의 결합력과 면역 기능을 유지하는 데 큰 도움이 됩니다.

유극층은 우리 피부의 숨은 히어로입니다. 단지 보이지 않는 한 겹의 피부층이지만, 세포 간의 강력한 결합과 치밀한 면역 감시 시스템을 통해 피부 건강 전체를 지키는 중요한 임무를 수행하고 있습니다.

### (3) 과립층(Granular Layer): 피부 장벽을 완성하는 최종 건축가

과립층은 피부 장벽이 만들어지는 마지막 공정 단계입니다. 각질형성세포(Keratinocytes)가 피부의 강력한 방어막을 구축하기 위해 철저히 준비되는 곳으로, 마치 건축 현장에서 마무리 공정을 수행하는 것과 같습니다. 이곳에서 피부는 방수 기능과 보습력을 최종적으로 완성하며, 외부 환경과의 싸움에 최적화된 상태로 변신합니다.

① 케라토히알린 과립: 피부 보호의 핵심 성분

과립층의 세포 안에는 '케라토히알린 과립'이라는 특별한 단백질 덩어리가 있습니다. 이 과립 안에 들어 있는 필라그린과 로리크린이라는 단백질이 피부를 강력하고 촉촉한 보호막으로 만듭니다.

- **필라그린: 피부 속 천연 스펀지**

  필라그린은 각질층으로 이동하는 과정에서 천연 보습 인자(NMF)로 전환됩니다. 이 NMF는 마치 스펀지처럼 피부 속에서 수분을 끌어당기고 유지하여, 피부가 건조하거나 갈라지지 않도록 보호합니다. 피부가 겨울철의 건조함과 추위에도 촉촉함을 유지할 수 있는 이유가 바로 이 필라그린 덕분입니다.

- **로리크린: 피부를 결속하는 천연 본드**

  로리크린은 각질세포들을 서로 강하게 결합시켜 피부 장벽을 튼

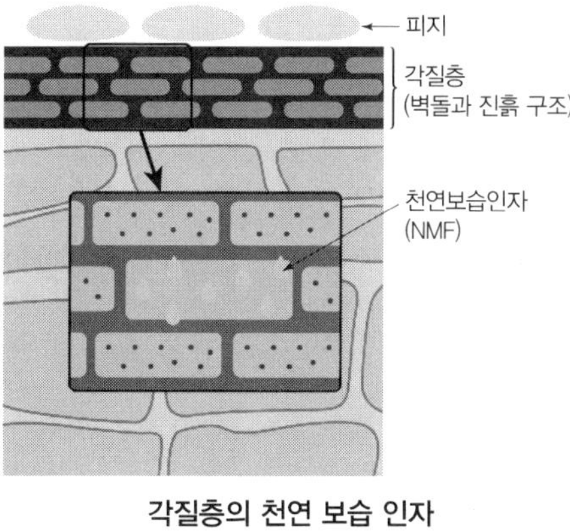


각질층의 천연 보습 인자

튼하게 만듭니다. 마치 벽돌을 단단히 고정하는 본드처럼 작용해 외부의 물리적 자극이나 충격에도 피부가 손상되지 않게 지켜줍니다.

② 층판 과립(Lamellar Granules): 피부의 방수막

층판 과립은 지질 성분으로 이루어져 있어 피부 세포 사이를 메워줍니다. 마치 벽돌 사이에 들어가는 시멘트처럼 수분 손실을 막고, 세균이나 자극 물질의 침입을 차단하는 역할을 합니다.

- **지질의 피부 보호 역할**: 층판 과립이 만든 지질 성분(세라마이드, 콜레스테롤, 지방산)은 피부에 강력한 방수막을 형성해, 외부 자극이 피부 내부로 침투하는 것을 막습니다. 이러한 방수막이 있기 때문에 우리는 하루에도 여러 번 씻거나 손을 자주 닦아도 피부가 쉽게 마르지 않습니다.

③ NMF(천연 보습 인자): 피부 속 수분의 원천

NMF(Natural Moisturizing Factors)는 피부 속에서 수분을 유지하는 핵심적인 요소입니다. NMF는 피부를 촉촉하고 부드럽게 만들어주며, 외부 환경의 변화에도 피부가 쉽게 흔들리지 않도록 보호하는 보습 방패 역할을 합니다.

- **피부의 보습 저수지**: NMF가 충분할 때 피부는 부드럽고 윤기 있게 유지됩니다. 그러나 NMF가 부족해지면 피부는 즉시 건조해지고 거칠어지며, 보습제를 아무리 발라도 속에서부터 당기는 증상이 나타날 수 있습니다.

④ 각질층 완성: 강력한 보호막의 탄생

과립층에서 각질형성세포는 점차 납작해지면서, 생명력을 잃고 각질세포(corneocyte)로 변신합니다. 하지만 이때 각질세포는 단순한 죽은 세포가 아니라, 피부를 지키는 강력한 보호막으로 다시 태어납니다.

- **보습과 방수의 이중 보호**: 각질세포는 수분과 지질을 단단히 결합해, 피부가 외부 자극과 건조함으로부터 완벽히 보호될 수 있도록 합니다. 과립층이 건강할수록 피부는 촉촉하고 견고하게 유지됩니다.
- **장벽의 붕괴가 곧 피부 손상**: 반면, 과립층의 기능이 약해지면 피부 장벽이 쉽게 무너지고, 외부 환경에 그대로 노출됩니다. 이렇게 되면 피부는 민감해지고 각종 트러블과 손상에 취약한 상태가 됩니다.

결국, 과립층은 피부 장벽의 설계자이자 완성자입니다. 필라그린, 로리크린, 세라마이드, NMF와 같은 중요한 성분들을 만들어내며, 피부가 외부의 환경적 스트레스로부터 스스로를 보호할 수 있도록 합니다. 이 층의 건강을 유지하는 것이 피부 관리의 가장 중요한 첫 걸음입니다.

### (4) 각질층(Stratum Corneum): 죽었지만 가장 강력한, 피부의 최전방 방어막

각질층은 피부의 가장 바깥쪽에서 우리 몸을 지키는 최후의 방패입니다. 외부의 공기, 먼지, 미세먼지, 자외선, 세균 등 수많은 적들이 끊임없이 피부를 공격하지만, 피부가 흔들림 없이 버틸 수 있는 이유는 바로 이 얇고 강력한 방어막 덕분이죠.

놀랍게도, 각질층을 구성하는 각질세포(corneocyte)는 더 이상 살아 있지 않습니다. 핵도 없고 세포의 생명 활동조차 없습니다. 하지만 죽음 이후 비로소 가장 강력한 보호막으로 거듭납니다. 바로 이 역설적인 생리학 속에 각질층의 위대한 기능이 담겨 있습니다.

① 각질세포(corneocyte): 죽음으로 완성된 피부의 갑옷

각질층은 기저층에서 시작된 각질형성세포가 여러 단계를 거쳐 완성된 결과물입니다. 각질세포는 생명력을 잃었지만, 그 대신 피부를 완벽히 보호하는 진정한 갑옷으로 변화합니다.

- **강력한 결속 구조**: 각질세포들은 지질(lipid) 성분으로 마치 벽돌 사이를 채운 시멘트처럼 촘촘하게 연결되어 있습니다. 덕분에 물리적 자극과 외부 침입으로부터 피부를 철저히 보호하는 철벽 같은 장벽을 만들어냅니다.

② 피부 건조는 장벽이 보내는 SOS 신호

각질층은 피부 속 수분을 지키고 외부의 유해물질을 막는 '이중 잠금장치' 역할을 합니다. 하지만 이 장벽이 약해지면 어떤 일이 일어날까요?

- **각질층 손상의 신호들**: 세안 후의 당김, 메이크업 후 갈라짐, 찬 바람에 따갑고 민감한 피부 등은 모두 각질층의 보호막에 금이 가고 있다는 신호입니다. 특히 겨울철 히터의 뜨거운 바람이나 지나치게 강력한 클렌저 사용은 각질층을 약화시켜 피부를 건조하고 예민하게 만듭니다.

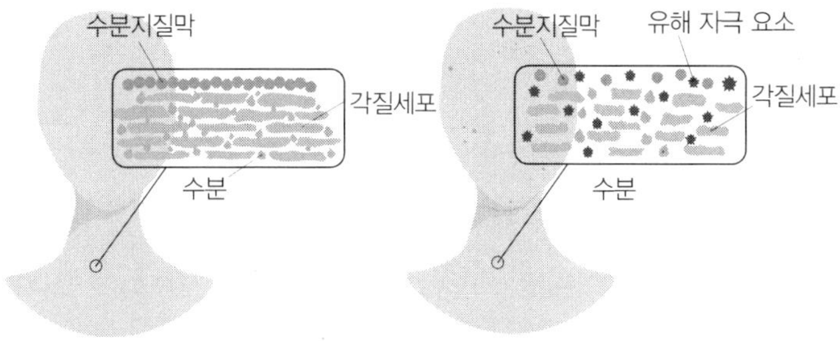


**정상 피부와 손상된 피부의 각질층 구조와 수분 보유력 차이를 나타낸 비교도**

정상 피부는 수분과 지질이 균형 있게 유지되어 외부 자극으로부터 피부를 보호하지만,
손상된 피부는 장벽 구조가 무너져 수분 손실이 증가하고 유해 요소에 쉽게 노출된다.

### ③ 각질층의 이중 임무: 보습과 보호

각질층은 단순한 피부 껍질이 아니라, 피부 보호의 핵심적인 이중 시스템입니다.

- **보습 기능**(수분 유지): 각질층에 포함된 지질과 NMF(천연 보습 인자)는 수분이 피부 밖으로 빠져나가지 않도록 단단히 잡아둡니다. 마치 완벽히 밀봉된 병 속의 물처럼 피부의 촉촉함을 유지합니다.
- **방어 기능**(외부 차단): 세균, 바이러스, 알레르기 유발 물질 등 외부 자극 요소들은 각질층을 통과하기 매우 어렵습니다. 덕분에 피부는 외부 환경으로부터 철저히 보호된 안전한 공간이 됩니다.

### ④ 각질층이 무너지면 벌어지는 일

각질층이 손상되면 피부는 무방비 상태가 됩니다. 피부 내부의 수분이 날아가고, 외부 자극이 직접 피부로 침투해 피부가 전쟁터처럼 붉게 달아오릅니다.

- **주요 증상**: 당김, 가려움, 붉어짐, 민감성, 각질 들뜸 등

- **주요 원인**: 과도한 세안, 자외선 노출, 피부 장벽을 손상시키는 성분 사용 등

예를 들어, 아무리 고급 세럼을 발라도 피부에 스며들지 않고 겉돈다는 느낌이 든다면 이미 각질층이 손상된 상태일 가능성이 큽니다.

⑤ 각질층을 지키는 현명한 스킨케어 습관

피부 장벽을 회복하려면 각질층을 위한 맞춤 관리가 필수입니다. 바로 '순하고, 촉촉하고, 자외선을 차단하는' 피부 관리 루틴이죠.

- **순한 클렌저 사용하기**: 피부의 유분을 과하게 제거하지 않는 저자극 세안제를 선택하세요.
- **즉각적인 보습**: 세안 후 3분 이내에 수분과 지질 복구 성분이 풍부한 보습제를 발라주세요.
- **자외선 차단 필수**: 자외선에 의한 각질층 손상을 막아 장벽 보호를 강화하세요.

특히 보습제를 바르기 전 피부 상태를 확인해 보세요. 피부가 푸석하거나 따끔거린다면 순한 진정 토너를 먼저 사용해 피부를 안정시킨 뒤 보습제를 발라주는 것이 효과적입니다.

### 죽은 세포가 만드는 살아 있는 보호막

각질층은 비록 살아있는 세포는 아니지만, 피부를 지키는 가장 중요한 최전방 방어막입니다. 이 얇은 층이 피부의 촉촉함, 유연성, 그리고 아름다움을 결정합니다. 따라서 각질층 관리는 단순히 각질 제

거가 아니라, 피부의 수분을 지키고 외부 자극을 차단하며 피부의 건강을 회복시키는 전방위적인 전략입니다.

당신의 피부가 오늘 건강하게 빛나고 있다면, 그것은 어제 당신이 각질층을 꼼꼼하게 관리한 덕분입니다.

### 2) 피부의 기둥, 진피(Dermis): 피부 속 생명력을 설계하는 숨은 엔지니어

만약 표피가 외부 자극과 맞서는 갑옷이라면, 그 갑옷을 받쳐주는 내부 뼈대는 바로 진피입니다. 진피는 단순한 지지 구조를 넘어 피부의 생명력과 재생 능력을 설계하고 조율하는 숨은 엔지니어입니다. 콜라겐과 엘라스틴, 혈관과 신경, 면역 세포들이 유기적으로 얽힌 이 층은 마치 정교한 기계의 내부처럼 피부에 탄력과 감각, 회복의 힘을 부여합니다.

진피는 크게 망상층(Reticular Layer)과 유두층(Papillary Layer)으로 나뉘며, 각 층은 피부의 구조적 안정성과 섬세한 생리적 기능을 함께 만들어냅니다. 그중에서도 먼저, 피부의 내구성을 책임지는 망상층부터 들여다보겠습니다.

#### (1) 망상층(Reticular Layer): 피부를 지탱하는 보이지 않는 철근 구조물

튼튼한 건물이 무너지지 않기 위해선 강력한 뼈대가 필요하듯, 피부도 마찬가지입니다. 망상층은 피부의 가장 깊은 곳에서 전체 피부를 지탱하는 강력한 구조적 토대입니다. 이 층은 '철근' 같은 콜라겐과 '스프링' 같은 엘라스틴으로 구성되어, 외부 자극에도 흔들림 없는 내구성을 설계합니다.

① 탄력과 복원력의 설계자

- **콜라겐**(Collagen): 피부를 단단하게 지지하는 '기둥' 역할
- **엘라스틴**(Elastin): 피부가 늘어나고 움직일 때 원상태로 돌아오는 '스프링'과 같은 역할

이 두 단백질이 완벽하게 조화를 이루었을 때, 피부는 팽팽하고 유연하며 생기 넘치게 빛납니다. 하지만 자외선이나 활성산소 등 외부 자극으로 인해 이 구조물들이 손상되면, 피부는 마치 낡은 스프링 매트리스처럼 처지고 주름이 깊어집니다.

② 피부의 영양 순환과 노폐물 처리 센터

망상층은 피부 속에 촘촘히 분포한 혈관과 림프관을 통해 마치 도시의 지하철망처럼 산소와 영양분을 운반하고 노폐물과 독소를 제거

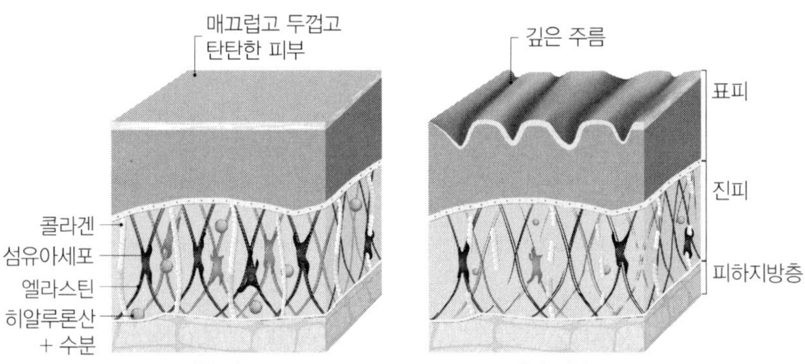

합니다. 이 순환 시스템이 원활하지 않으면 피부는 금세 칙칙해지고, 염증이나 트러블도 쉽게 나타나게 됩니다.

③ 체온 조절의 지휘 본부

추운 날씨에 손이 새빨개지거나 더운 날씨에 얼굴이 붉어지는 이유는 바로 망상층의 혈관 덕분입니다. 혈관이 수축과 확장을 반복하며 피부를 통해 열을 방출하거나 유지하는 섬세한 체온 조절을 담당합니다.

④ 감각 수용체의 본거지

망상층 깊숙이 퍼진 감각 수용체 덕분에 피부는 다양한 자극을 빠르게 감지하고 반응합니다. 압력, 진동, 통증, 온도 등의 감각은 즉각 신경을 통해 전달되어 피부가 빠르고 정확하게 대응할 수 있도록 합니다.

진피의 망상층은 피부의 '밑바탕'을 넘어 피부 건강을 유지하는 '엔진룸'과 같은 공간입니다. 피부 표면을 아무리 잘 관리해도 이 깊은 층의 안정성과 재생력이 뒷받침되지 않으면 피부는 금방 무너집니다.

### (2) 유두층(Papillary Layer): 피부에 생명력을 공급하는 미세 순환의 심장

진피의 가장 위쪽, 표피와 맞닿은 유두층은 피부 전체에 생명력을 공급하는 '첫 관문'입니다. 피부를 식물에 비유하면 유두층은 뿌리 끝의 모세혈관처럼 눈에 보이지 않는 영양과 산소를 피부에 전달하는 통로 역할을 합니다. 이 얇고 섬세한 층 덕분에 피부는 숨 쉬고, 느끼고, 회복할 수 있습니다.

### ① 피부의 산소와 영양을 책임지는 미세 순환망

유두층은 섬세한 콜라겐 섬유가 부드럽게 얽혀 있고, 표피에 가장 가까운 혈관과 림프관이 존재하는 곳입니다. 이 미세한 혈관망은 피부 표면까지 산소와 영양분을 직접 공급하고 노폐물을 회수하여 피부를 맑고 건강하게 유지합니다.

*"보이지 않는 유두층의 미세 혈관 덕분에 피부는 매 순간 살아 숨 쉬고 있습니다."*

### ② 마찰에도 끄떡없는 피부 밀착력의 비밀

유두층은 이름 그대로 돌기(papilla) 구조를 가지고 있습니다. 이 돌기 구조는 위쪽의 표피와 마치 손가락을 맞잡듯 단단하게 결합되어 있어 피부가 쉽게 벗겨지지 않도록 강력히 고정합니다. 특히 손바닥이나 발바닥처럼 마찰이 잦은 부위에서는 이 돌기 구조가 더욱 깊고 명확하여 피부가 반복적인 압력에도 끄떡없게 만들어줍니다.

*"우리가 걷고, 뛰고, 만지고, 움직이는 수천 번의 자극에도 피부가 쉽게 손상되지 않는 이유는 바로 이 유두층의 강력한 접착 구조 덕분입니다."*

### ③ 촉각과 반응, 피부 감각의 첫 신호소

유두층에는 촉각과 온도, 통증을 민감하게 감지하는 자유 신경 종말들이 풍부하게 존재합니다. 피부가 외부 자극을 가장 먼저 감지하여 뇌에 신호를 전달하고 빠른 반응을 이끌어낼 수 있는 것도 바로 이 유두층 덕분입니다.

*"피부는 말이 없지만 가장 빠르고 정확하게 반응하는 감각 기관입니다."*

**진피는 피부를 지탱하는 보이지 않는 엔진이다.**

진피는 피부라는 살아있는 기관의 중심축입니다. 망상층이 피부의 구조적 안정성과 탄력을 담당한다면, 유두층은 그 구조에 생명력과 섬세한 감각을 불어넣는 역할을 합니다. 두 층은 각자의 역할을 수행하면서도 "피부를 건강하고 아름답게 유지한다"는 하나의 목표 아래 긴밀히 협력합니다.

피부의 진짜 아름다움은 보이지 않는 곳에서 시작됩니다. 이제 당신의 피부, 진피에서부터 관리해야 하는 이유가 바로 여기에 있습니다.

> TIP **이런 피부 고민, 진피가 원인일 수 있어요**
>
> - 피부가 쉽게 붉어지고 화끈거린다면 → **유두층의 신경 과민**
> - 피부에 탄력이 없고 늘어진다면 → **망상층의 콜라겐 감소**
> - 스킨케어가 잘 먹지 않는다면 → **유두층의 순환 저하**

### (3) 섬유아세포(Fibroblast): 피부 탄력의 지휘자이자 건축가

피부 깊은 곳, 진피에는 하루 종일 바쁘게 움직이며 피부의 구조와 보습, 탄력을 책임지는 '보이지 않는 건축가'가 있습니다. 바로 **섬유아세포(Fibroblast)**입니다. 섬유아세포는 콜라겐, 엘라스틴, 히알루론산과 같은 ECM(세포외기질)을 끊임없이 만들어내어 피부가 튼튼하고 유연한 구조를 유지하도록 설계합니다.

아침에 거울을 보며 "오늘따라 왜 이렇게 피부가 푸석해 보일까?"라고 느끼셨다면, 단순히 잠이 부족해서가 아닐지도 모릅니다. 바로 피부 속 섬유아세포의 활력이 떨어졌다는 신호일 수 있습니다.

### ① 피부 구조를 짓는 핵심 역할

섬유아세포는 마치 건축 현장을 총괄하는 감독처럼 피부 구조물(ECM)을 쉴 새 없이 만들어냅니다. 각 성분은 피부에서 독특한 역할을 맡고 있습니다.

- **콜라겐: 피부의 기둥**

  피부가 처지지 않고 팽팽함을 유지하는 힘의 원천은 바로 콜라겐입니다. 섬유아세포는 주로 1형과 3형 콜라겐을 생성하여 피부에 탄탄한 구조적 지지대를 제공합니다.

- **엘라스틴: 피부의 스프링**

  피부가 움직이고, 늘어나고 다시 되돌아오는 탄력은 엘라스틴 덕분입니다. 엘라스틴은 피부를 부드럽게 하면서도 단단하게 조율하여 생동감 있는 피부 표정을 가능하게 합니다.

- **히알루론산과 프로테오글리칸: 피부의 수분 저장고**

  히알루론산은 자기 무게의 약 1000배에 달하는 수분을 저장합니다. 풍선처럼 탱탱하고 촉촉한 피부의 비결은 바로 이 수분 저장 능력 덕분입니다. 프로테오글리칸은 피부의 구조를 안정적으로 지지하며 수분을 장기적으로 유지할 수 있도록 돕습니다.

### ② 섬유아세포의 작동 방식: 피부의 '생명공장'

섬유아세포는 마치 고도로 조직화된 생명공장처럼 움직입니다.

콜라겐, 엘라스틴, 히알루론산 등의 물질들이 최종적으로 피부 조직을 형성하며, 이 모든 과정이 원활할 때 피부는 젊고 건강한 상태를 유지할 수 있습니다.

### 섬유아세포 내 ECM 합성 경로

핵(Nucleus)에서 mRNA가 전사되고, 조면소포체(RER)에서 콜라겐, 엘라스틴 단백질이 번역되며, 골지체(Golgi apparatus)에서 가공(하이드록실화, 당질화)을 거쳐, ECM 성분들이 진피에 분비되어 배치됩니다.

이러한 단계는 피부의 건축 자재가 만들어지고 조립되는 '생산 라인'과 같습니다.

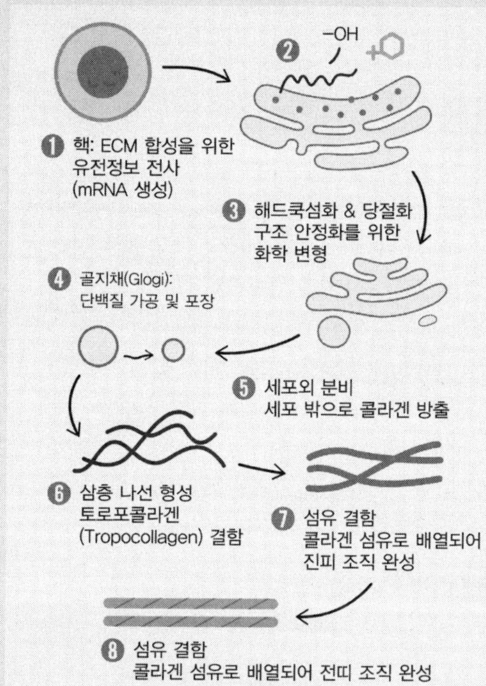


**섬유아세포(Fibroblast) 내 ECM 성분 생성 과정**

### 콜라겐, 엘라스틴, 히알루론산은 어떻게 만들어질까?

이 한 장의 다이어그램은 피부 진피의 탄탄한 구조를 뒷받침하는 ECM(Extracellular Matrix, 세포외기질)이 **섬유아세포(Fibroblast)** 안에서 어떤 메커니즘으로 생성되는지를 보여줍니다. 이는 피부 생명공학의 흐름도이자, 노화와 피부 복원의 핵심 작동 원리라 할 수 있습니다.

**1. 핵(Nucleus)**

1) 기능: 모든 설계의 시작점.

2) 역할: 콜라겐, 엘라스틴, 히알루론산, 프로테오글리칸 합성을 위한 mRNA를 생성

3) 생성물

- Collagen mRNA
- Elastin mRNA
- GAG(Glycosaminoglycans) mRNA: 히알루론산, 프로테오글리칸 등

**2. 조면소포체(RER: Rough Endoplasmic Reticulum)**

1) 기능: 단백질을 실제로 만드는 생합성 공장

2) 콜라겐 합성

- mRNA에 따라 Procollagen 전구체 생성
- Hydroxylation(하이드록실화), Glycosylation(당질화) 후
- **삼중 나선 구조**(Helix) 형성 → 구조적 안정성 확보

3) 엘라스틴 합성: 탄력을 주는 **엘라스틴 전구체** 생성

4) 다당류(GAG) 합성: 히알루론산, 프로테오글리칸 전구체 단백질 생성

**3. 골지체(Golgi Apparatus)**

1) 기능: 합성된 단백질의 '포장 및 최종 수출 준비소'

2) 주요 처리

- Procollagen → Tropocollagen으로 가공
- 완성된 단백질들을 세포 외부로 분비

**4. 세포 외 공간(Extracellular Space)**

이곳은 합성된 단백질들이 **실제 피부 구조를 형성하는 곳**입니다.

| 성분 | 주요 전환 과정 | 역할 |
|---|---|---|
| Collagen | Tropocollagen → Collagen fibrils → Collagen fibers | 조직의 기둥, 피부의 강도와 지지력 제공 |
| Elastin | Elastin 단백질 → Elastic fibers | 조직의 스프링, 탄력성과 복원력 부여 |
| Hyaluronic Acid | 단일체로 작용 | 수분 저장, 윤활 및 볼륨감 유지 |
| Proteoglycan | Monomer → Aggregates | 수분 유지, 세포 신호 조절 및 구조 충전 |

Nucleus → RER → Golgi → Extracellular space
이 전체 경로는 다음 세 가지 ECM 주요 성분으로 귀결됩니다.
1. **콜라겐(Collagen)**: 피부의 **기둥**. 구조적 지지와 강도 부여
2. **엘라스틴(Elastin)**: 피부의 **스프링**. 탄성과 복원력
3. **히알루론산 & 프로테오글리칸**: 피부의 **스펀지**. 수분 보유력과 충전 효과

이 메커니즘을 이해하면, 왜 피부 노화 방지에 콜라겐 합성 촉진, 히알루론산 보충, 엘라스틴 유지가 중요한지 그 근거가 됩니다.
화장품이나 미용시술에서 "섬유아세포 활성"이 강조되는 이유도 바로 이 ECM 합성 라인을 자극하기 위함입니다.

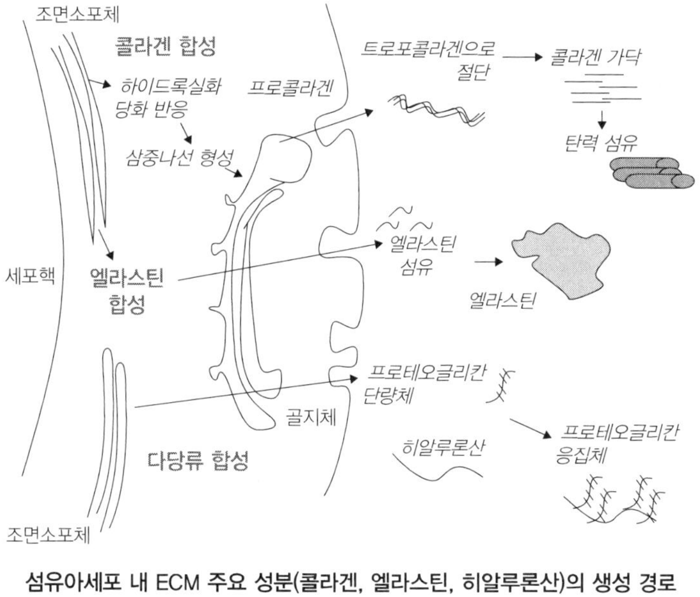


**섬유아세포 내 ECM 주요 성분(콜라겐, 엘라스틴, 히알루론산)의 생성 경로**

### 3) 노화와 섬유아세포의 변화: 느려지는 건축 속도

시간이 흐르며 섬유아세포의 활동 속도는 점점 느려집니다. 콜라겐과 엘라스틴 생성 능력이 떨어지면서 피부의 구조적 안정성은 약해

지고, 노화의 신호가 서서히 나타납니다.

- **진피 노화**: 피부가 얇아지고 힘을 잃으며 주름이 깊어지고 처짐 현상이 증가합니다.
- **광노화**: 자외선이 섬유아세포의 기능을 방해해 콜라겐 구조를 파괴합니다. 자외선에 자주 노출된 부위가 더 빨리 노화되는 이유가 여기에 있습니다.

### (1) 섬유아세포의 '지휘력'을 유지하는 방법

섬유아세포의 기능을 오래도록 건강하게 유지하기 위해 다음과 같은 전략이 필요합니다.

- **콜라겐 촉진 성분 활용**: 비타민 C, 레티놀, 펩타이드와 같은 성분으로 섬유아세포를 활성화합니다.
- **자외선 차단**: UVA/UVB 차단제를 꾸준히 사용해 섬유아세포 손상을 예방합니다.
- **철저한 보습 관리**: 히알루론산 기반 제품으로 피부의 ECM 기능을 최적화합니다.
- **안티에이징 집중 케어**: 섬유아세포의 기능을 직접적으로 개선하는 제품을 꾸준히 사용해 노화의 속도를 늦춥니다.

섬유아세포는 피부의 '지휘자'이며, ECM이라는 오케스트라를 조율하여 피부라는 아름다운 음악을 만들어냅니다. 피부의 젊음과 건강한 탄력은 이 작은 지휘자의 활력에서 시작됩니다. 나이가 들어도 아름다운 피부를 지키고 싶다면, 바로 섬유아세포의 건강과 활력을 유지하는 일부터 시작하세요.

**섬유아세포 기능 촉진 성분 정리표**

| 성분 | 주요 역할 | 추천 사용 시기 |
|---|---|---|
| 비타민 C | 콜라겐 합성 촉진, 항산화 작용 | 아침/저녁(자외선 차단 병행 시) |
| 레티놀 | 세포 재생 촉진, 콜라겐·엘라스틴 생성 유도 | 저녁(적응기 필요) |
| 펩타이드 | 섬유아세포 활성화, ECM 구조 개선 | 아침/저녁(장기 사용 권장) |
| 히알루론산 | 수분 유지, ECM 기능 보완 | 수시 보습 |
| 자외선 차단제 | UV로부터 섬유아세포 보호, 광노화 방지 | 매일 아침(외출 전) |

**피부노화 vs. 광노화 비교표**

| 구분 | 피부노화(내인성) | 광노화(외인성) |
|---|---|---|
| 원인 | 유전, 호르몬 변화, 세포 노화 | 자외선(UV), 환경오염, 흡연 등 |
| 피부 특징 | 얇아진 피부, 미세주름, 건조함 | 두꺼워진 피부, 색소침착, 깊은 주름 |
| 영향 부위 | 전신, 특히 눈가·입가 | 햇빛 노출 부위(얼굴, 손등, 목) |
| 관리 방법 | 항산화/안티에이징 제품 사용, 보습 | 자외선 차단 철저, 진정·재생 집중 관리 |

### (2) 진피의 주요 기능: 피부를 지탱하는 '보이지 않는 영웅'

진피는 단순한 피부 속 조직이 아닙니다. 이곳은 피부 전체를 떠받치며, 생명력과 방어력을 공급하는 '피부의 심장'이자 '지휘 센터'입니다. 콜라겐과 엘라스틴으로 피부의 구조를 설계하고, 감각·면역·체온·보습 등 다양한 생리적 기능을 조율하는 이곳은, 우리가 미처 인식하지 못한 사이에도 끊임없이 피부를 지켜내고 있습니다.

#### ① 구조적 지지와 탄력 제공: 피부의 골격과 스프링

진피는 피부의 **강도와 유연성**을 동시에 담당합니다. 이 튼튼한 구조물은 마치 **콘크리트 속 철근처럼** 콜라겐과 엘라스틴으로 구성되어 있습니다.

- **콜라겐**: 피부의 골격을 구성하는 단단한 기둥.
  피부의 단단함, 탱탱함, 그리고 주름 없는 팽팽한 표면은 콜라겐이 책임집니다.
- **엘라스틴**: 늘어나도 다시 원래 상태로 돌아오는 스프링 같은 존재.
  미소 짓거나 찡그릴 때 생기는 주름이 금세 사라지는 것은 바로 엘라스틴 덕분입니다.

또한 진피 내에 분포한 **혈관망**은 피부 세포에 산소와 영양분을 공급하며, 재생 능력을 뒷받침합니다. 콜라겐과 엘라스틴이 튼튼하게 유지되려면 이 영양 공급 네트워크가 활발하게 작동해야 합니다.

② 감각 기능: 피부를 통해 세상을 느끼는 레이더

진피는 **우리 몸의 감각 센서**입니다. 여기에는 다양한 **감각 수용체**가 분포되어 있어, 피부가 외부 자극을 읽어낼 수 있도록 돕습니다.

- **메르켈 세포, 자유 신경 종말**: 촉감, 압력, 따뜻함, 차가움, 통증까지… 뜨거운 컵을 잡았을 때 즉각적으로 손을 떼게 되는 것도, 날카로운 물체에 닿았을 때 몸이 움찔하는 것도 이 수용체들의 빠른 반응 덕분입니다.

**진피는 피부와 세상을 연결하는 감각의 인터페이스**입니다.

③ 체온 조절: 피부 속 '스마트 온도 조절기'

진피는 **피부의 열 교환 시스템**이기도 합니다. 외부 온도 변화에 즉각적으로 반응해, 우리 몸의 체온을 일정하게 유지해줍니다.

- **더울 때**: 혈관이 확장되고, 땀샘이 땀을 분비하여 열을 배출합니다. 이는 마치 자동차 라디에이터처럼 열을 밖으로 내보내는 역할을 합니다.
- **추울 때**: 혈관이 수축하여 체온 손실을 줄이고 내부 열을 보존합니다. 이 과정이 원활해야 **피부가 붉어지거나 창백해지는 반응**도 균형 있게 조절됩니다. 체온 조절이 무너지면 피부 면역도 무너지게 됩니다.

④ 면역 방어: 보이지 않는 전선의 보디가드

진피에는 **대식세포, 림프구** 등 다양한 **면역세포**들이 포진해 있어, 외부 병원체로부터 피부를 지켜냅니다. 이들은 마치 피부 속의 **경찰관**처럼 외부 침입자를 탐지하고 제거하며, 감염을 사전에 차단합니다.

- 피부는 단순한 물리적 장벽이 아니라 **면역학적 보호막**입니다.
- 진피가 건강할수록, 피부는 염증이나 트러블에도 **더 빠르고 효과적으로 반응**합니다.

⑤ 피지선과 땀선의 기능: 유·수분 밸런스의 비밀 병기

진피에는 피부 보호막을 형성하는 두 가지 주요 선이 자리하고 있습니다.

- **피지선**: 유분을 분비해 **피부 표면에 얇은 유막을 형성**합니다. 이는 건조함과 외부 자극으로부터 피부를 지켜주는 천연 방패입니다.
- **땀선**: 땀을 통해 **노폐물을 배출**하고, 동시에 체온을 조절하는 역할을 합니다.

이 두 선은 **피부의 유수분 밸런스**를 조율하며, 피부가 하루 종일 촉촉하고 균형 잡힌 상태를 유지할 수 있도록 돕습니다.

#### 진피, 피부의 다기능 컨트롤 타워

진피는 **피부를 조형하고 조율하는 중심 기지**입니다. 이곳의 기능이 약해지면, 피부는 금세 생기를 잃고 방어력을 잃습니다.

- 구조(콜라겐 · 엘라스틴)
- 감각(신경 수용체)
- 방어(면역세포)
- 조절(혈관과 땀샘)
- 보호막(피지선)

이 모든 역할을 수행하는 진피를 **건강하게 유지하는 것**이야말로 노화에 맞서는 진짜 피부 관리의 출발점입니다.

### 4) 감각 전달의 진피: 외부 신호를 해독하는 피부의 통신망

당신의 피부는 단순히 외부를 감싸는 장벽이 아닙니다. 그 안에는 '느끼는 뇌'라 불릴 만큼 정교한 감각 시스템이 숨어 있습니다. 바로, **진피**입니다. 뜨거운 머그컵, 살랑이는 바람, 따가운 햇살, 뾰족한 통증… 이 모든 감각은 **진피 속 신경 말단**에서 시작됩니다. 진피는 마치 **피부 속 레이더 기지**처럼 외부 신호를 감지하고, 신경계를 통해 뇌에 전달해 몸이 위험에 빠지기 전에 빠르게 반응할 수 있도록 돕습니다.

#### (1) 신경 말단의 역할: 피부 속 '정보 센서'

진피에는 수많은 **신경 수용체**가 존재해, 피부가 온도, 압력, 통증

등을 감지할 수 있게 만듭니다.

- **온도 감지**: 따뜻한 물, 차가운 바람… 피부는 이 변화를 실시간으로 감지해 체온 조절을 시작합니다.
- **압력 감지**: 연인의 손길처럼 부드러운 접촉도, 날카로운 충격도 즉각 감지합니다.
- **통증 인지**: 진피는 신체의 경보장치 역할을 하며, 자극이 위험하다는 신호를 빠르게 전달해 우리 몸을 보호합니다.

이 모든 과정은 순식간에 일어나며, 피부는 **외부 위협에 대한 첫 번째 방어 시스템**으로 작동합니다.

### (2) 피부 온도와 활성산소: 보이지 않는 시간의 공격자

피부는 약 31~32℃의 안정된 온도를 유지할 때 가장 건강합니다. 하지만 열이 올라가면, 보이지 않는 적이 활동을 시작합니다. 바로 활성산소(ROS)입니다.

**활성산소란?** 세포 활동 중 자연스럽게 생성되는 산화물질이지만, 온도나 자외선에 의해 과잉 생성되면 콜라겐, 엘라스틴 등 피부의 핵심 구조물을 공격합니다.

그 결과는?

- 탄력 저하
- 주름 형성
- 피부장벽 약화
- 광노화 및 피부암 위험 증가

자외선은 활성산소 생성을 더욱 가속화하며, WHO에서도 이를 **1급 발암물질**로 지정하고 있습니다. **피부 온도와 자외선 관리가 단순한 미용을 넘어 건강의 문제인 이유**입니다.

### (3) 열노화(Thermal Aging): 온도가 남기는 시간의 흔적

피부를 늙게 만드는 건 자외선만이 아닙니다. 뜨거운 열, 장시간 이어지는 온열 노출도 피부를 '속부터' 망가뜨립니다. 이것이 바로 열노화입니다.

- **수분 손실 가속**: 온도가 올라가면 피부 속 수분은 빠르게 증발하며, 피부는 건조하고 거칠어지며 각질이 일어납니다.
- **탄력 저하**: 물 빠진 스펀지처럼 피부도 푸석해지고 복원력이 떨어집니다.
- **단백질 손상**: 콜라겐과 엘라스틴은 열에 취약해 구조가 변형되고, 주름이 심화됩니다.
- **세포 노화 가속**: 고온은 세포 내 염증 반응과 손상을 촉진해 피부 재생 속도를 늦춥니다.
- **색소 침착과 트러블**: 열로 유도된 염증은 멜라닌 생성을 자극해 기미, 잡티, 여드름 등 다양한 문제로 이어집니다.

### (4) 열노화 + 광노화

- **피부 노화를 이끄는 쌍두마차**: 여름철, 뜨거운 햇볕과 고온이 함께 몰아칠 때 피부는 복합적인 위협에 노출됩니다. 열노화와 광노화의 이중 공격은 피부를 훨씬 빠르고 깊게 노화시킵니다.

| 구분 | 원인 | 주요 영향 |
|---|---|---|
| 열노화 | 고온 자극, 장시간 열 노출 | 수분 손실, 단백질 변형, 세포 손상 |
| 광노화 | 자외선(UV) | 콜라겐 파괴, 색소 침착, 깊은 주름 |

### (5) 피부를 지키는 스마트 루틴: 감각과 온도까지 케어하라

진피는 '느끼는 피부', '방어하는 피부'입니다. 감각, 체온, 활성산소 반응을 모두 조율하는 진피의 기능이 무너지면 피부는 둔감해지고, 건조해지고, 쉽게 지치기 시작합니다. 이 기능을 지키는 것이 진짜 안티에이징의 핵심입니다.

- **자외선 차단**: SPF30 이상, PA+++ 제품은 광노화를 막는 1순위 방어막입니다.
- **항산화 성분**: 비타민 C, E, 나이아신아마이드 등은 활성산소를 중화하고 콜라겐 파괴를 억제합니다.
- **보습 강화**: 수분 손실을 막는 히알루론산, 세라마이드 기반 보습제를 사용하세요. 쿨링 토너나 수분 팩도 열노화 방지에 효과적입니다.

열노화

광노화

| 원인 | 자외선 |
|---|---|
| 장시간 고온 노출 | 자외선(UV) |
| **주요 영향**<br>수분 손실, 단백질 변세포 손상 | **콜라겐 파괴**<br>색소침착, 깊은 주름 |

### (6) 진피의 영양 공급과 체온 조절: 피부의 생명선

진피는 단순한 피부의 '속살'이 아니라, 마치 도시의 인프라처럼 **피부 전체에 산소와 영양을 공급하고 열을 순환시키는 생명 유지 시스템**입니다. 이 시스템이 원활히 작동할 때, 피부는 외부 자극에 유연하게 적응하며 언제나 최적의 상태를 유지할 수 있습니다.

#### ① 영양 공급과 노폐물 제거: 피부 세포의 에너지 네트워크

진피는 피부 세포 하나하나에 산소와 영양을 공급하고, 사용 후 남은 노폐물은 림프와 정맥을 통해 회수하는 정교한 '에너지 유통망'입니다.

혈관망은 산소, 포도당, 아미노산 등 필수 영양소를 피부에 공급하여 세포 재생과 상처 회복을 돕습니다.

림프순환은 노폐물과 독소를 제거하여 피부를 맑고 깨끗하게 유지합니다.

*"작은 상처가 빨리 아물거나, 피곤한 날 피부가 칙칙해 보이는 것 모두 이 순환 상태에 달려 있습니다."*

#### ② 체온 조절: 피부의 자체 냉·난방 장치

진피는 체온을 조절하는 '스마트 온도계'입니다. 더우면 열을 식히고, 추우면 체온을 보존하여 신체 전체의 균형을 맞춥니다. 땀샘은 더울 때 땀을 분비해 피부 표면에서 증발시켜 열을 식힙니다.

- **혈관 조절**: 추울 땐 수축하여 체온을 지키고, 더울 땐 확장되어 열을 밖으로 방출합니다. 이 시스템이 깨지면 피부 면역력도 함

께 무너질 수 있습니다.

③ 피지샘의 역할: 피부를 보호하는 천연 오일막

진피의 피지샘은 유분을 분비해 피부 표면에 얇은 보호막을 형성합니다.

- **유수분 밸런스 유지**: 피지와 땀이 균형을 이룰 때 피부는 가장 안정적입니다.
- **건조/지성 피부의 원인**: 피지가 과하면 여드름, 부족하면 건조함과 민감성으로 이어집니다.

피지샘은 단순한 유분 생성 기관이 아닌, 피부 방어선의 최전방입니다.

**유수분 밸런스 붕괴에 따른 피부 상태 변화**

| 구분 | 피지(유분) 부족 | 피지(유분) 과다 | 수분 부족 | 수분 과다 (일시적 외부 요인) |
| --- | --- | --- | --- | --- |
| 피부 느낌 | 당김, 푸석함, 거칠음 | 번들거림, 끈적임 | 땅김, 각질 일어남 | 끈적임, 답답함 |
| 피부 유형 변화 | 건성 피부로 진행 | 지성 또는 트러블성 피부로 진행 | 복합성/민감성 피부로 전환 가능 | 일시적 유분과다 유발 가능 |
| 피부 트러블 | 잔주름, 피부 갈라짐, 민감성 증가 | 여드름, 피지선 과잉 활성, 모공 확장 | 각질 증가, 예민 반응 | 뾰루지, 유분폭발 |
| 대표 원인 | 잦은 세안, 강한 클렌저 사용 | 호르몬 변화, 잦은 자극성 제품 사용 | 수분 부족한 환경, 보습 미흡 | 외부 습기, 기온 상승 등 |
| 스킨 케어 팁 | 리치한 보습제+유분 보호막 형성 | 수분 중심의 진정·피지 조절 케어 | 히알루론산, NMF 함유 보습제 사용 | 산뜻한 수분 케어+유분 컨트롤 |

### 진피는 피부 노화를 늦추는 핵심 거점

진피는 단순한 피부 조직이 아닙니다. 감각, 체온, 유수분, 순환, 방어–all in one. 이 모든 기능이 무너지면 피부는 무기력해지고 회복력이 떨어지며 노화의 속도가 빨라집니다. 지금 피부 속에서 벌어지고 있는 보이지 않는 전쟁에서 이기고 싶다면, '진피'를 지켜야 합니다.

진피는 피부 건강의 숨은 주역이자, 노화를 막는 가장 전략적인 요충지입니다.

## (7) 피하지방층의 에너지 저장과 보호 기능: 얼굴 속 깊은 곳, 마지막 방어선

피하지방층(Subcutaneous Fat Layer)은 피부의 마지막 층이자, 얼굴 볼륨과 윤곽을 조율하는 숨은 완충 장치입니다. 단순히 에너지를 저장하는 창고가 아니라, 충격 흡수, 체온 조절, 피부 구조 보호라는 세 가지 중요한 임무를 수행합니다. 하지만 시간이 흐르고, 자외선과 외부 자극이 누적되면 이 든든한 방어막 역시 무너집니다. 그리고 그 무너짐은 '인상 전체'를 바꿔놓기 시작합니다.

### ① 피하지방층의 얇아짐과 볼륨 손실: 꺼짐이 만드는 노화의 그림자

나이가 들수록 지방세포의 지질 합성 능력은 감소하고, 피하지방층은 점차 얇아지며 탄력을 잃습니다. 이 변화는 피부 표면에 보이는 잔주름보다 더 깊고 구조적인 노화의 신호입니다.

- **이마·눈가·입 주변 꺼짐**: 지방이 빠져나간 자리는 움푹 파이고, 뼈 윤곽이 도드라져 인상이 날카롭고 피곤해 보입니다.
- **주름·처짐 가속화**: 눈 밑·볼·턱선 등 주요 볼륨 존(volume zone)

의 지방이 줄어들면, 피부는 더 이상 지지받지 못해 중력 방향으로 무너집니다.

*"탄탄한 매트리스에서 솜이 빠진 듯한 느낌"—피하지방이 줄어든 얼굴이 바로 그렇습니다.*

② 피하지방층과 자외선의 관계: 보이지 않는 침입자와의 전쟁

자외선(UV)은 피하지방층에 직접 도달하지는 않지만, 진피와의 연결고리를 약화시켜 간접적으로 치명적인 영향을 줍니다.

- **지방 합성 억제**: 자외선은 지방세포 기능을 떨어뜨려 지방 축적을 방해합니다. 피부는 점점 얇아지고, 볼륨은 사라집니다.
- **광노화와의 시너지 효과**: 자외선은 콜라겐을 파괴하고, 진피와 피하지방의 탄성 연결을 끊어냅니다. 이중 구조 손상이 빠르게 진행됩니다.

③ 피하지방의 변화가 인상 전체를 바꾼다: 얼굴의 조화와 입체감 붕괴

피하지방의 감소는 단순한 볼륨 손실이 아니라, 얼굴의 입체 구조를 다시 그리는 리디자인입니다.

- **눈가·입가 그림자 증가**: 꺼진 부위는 음영을 만들어 표정이 더 깊고, 때론 우울하게 보이게 합니다.
- **턱선·볼의 날카로움**: 부드럽던 윤곽선이 각지고 평면화되며, 나이 들어 보이는 인상을 강화시킵니다.

*어릴 땐 역삼각형, 나이 들면 정삼각형.*
*이 구조의 변화 중심에 피하지방이 있습니다.*

**피하지방층을 지키는 전략: 탄력과 볼륨, 가장 깊은 곳에서의 싸움**

| 보호 전략 | 설명 |
|---|---|
| 자외선 차단 | UV로 인한 간접 손상을 줄여 지방세포 기능 저하를 막습니다. |
| 보습 유지 | 수분 상태는 지방 대사에도 영향을 주므로, 피부의 수분 환경을 안정화해야 합니다. |
| 항산화 관리 | ROS(활성산소종)로부터 지방세포를 보호해 구조 유지에 기여합니다. |

피하지방층은 피부 구조의 '숨은 설계자'입니다. 겉으로는 보이지 않지만, 그 무너짐은 윤곽, 인상, 분위기까지 바꿔놓습니다. 볼륨이 사라진 얼굴은 단지 "살이 빠졌다"는 수준이 아닙니다. 그것은 시간이 만든 깊은 조각선이며, 우리가 가장 늦게 알아차리지만 가장 먼저 준비해야 할 노화의 징후입니다.

피부를 젊게 유지하는 진짜 전략은 가장 깊은 층부터 지키는 것. 지금 당신의 피하지방층은, 어떤 메시지를 보내고 있나요?

## 5. 나이가 들면서 시작되는 변화: 피부 노화의 두 얼굴

노화는 단순한 시간의 흐름이 아닙니다. 노화는 피부 위에서 벌어지는 두 개의 시나리오라 할 수 있습니다. 피부 노화는 '설계'와 '생활'이 함께 쓴 이야기입니다. 우리는 누구나 다른 유전자를 타고납니다. 하지만 어떤 삶을 살아왔는가, 그 흔적은 피부 위에 고스란히 남습니다. 노화는 '피부 깊은 곳에서 조용히 일어나는 변화'와, '외부에서 빠르게 덮쳐오는 공격'이라는 두 개의 얼굴로 다가옵니다.

### 1) 내인성 노화: 조용하지만 피할 수 없는 '시간의 작용'

내인성 노화(Intrinsic Aging)는 우리가 가진 유전 정보, 체내 호르몬 변화, 신진대사 저하 등 자연적인 생리적 흐름에 따라 피부 내부에서 서서히 진행됩니다.

내인성 노화의 핵심 특징

**(1) 콜라겐 & 엘라스틴 감소: 구조적 무너짐의 시작**

진피의 섬유아세포 활성이 떨어지며 피부의 기둥이 약해집니다. 피부는 얇아지고 주름은 깊어지며 탄력을 잃게 됩니다.

**(2) 세포 재생력 저하: 회복 속도가 느려진다**

손상된 세포의 복구 속도가 느려지며, 피부 회복이 더뎌지고 칙칙한 인상이 강해집니다.

**(3) 대사 속도 둔화: 생기가 빠진 피부**

산소와 영양 공급이 줄고, 노폐물은 쌓입니다. 생기 없는 피부, 푸석함, 회복력 저하로 이어집니다.

**(4) 호르몬 변화: 수분 보유력과 유분 밸런스 붕괴**

특히 폐경기 이후 에스트로겐이 감소하면 수분 유지력이 급감하고 피부는 건조하고 무기력한 상태로 변합니다. 남성 역시 테스토스테론 감소로 피부가 얇아지고 손상되기 쉬워집니다.

속도는 개인차가 있지만, 방향은 모두 같습니다.

### 2) 외인성 노화: 피부 위에 새겨지는 날카로운 흔적, 우리의 선택이 만든 '겉 노화'

외인성 노화(Extrinsic Aging)는 피부 밖에서 시작되는 공격입니다. 햇빛, 공해, 흡연, 수면 부족, 스트레스 등 우리 일상 속 선택이 피부를 얼마나 빠르게 늙게 만들 수 있는지를 보여주는 대표적인 예입니다.

외인성 노화의 주요 특징

**(1) 자외선(UV): 가장 강력한 노화 유발자**

콜라겐과 엘라스틴을 파괴하고 색소침착과 주름, 심지어 DNA 손상까지 유발합니다.

**(2) 산화 스트레스(ROS)**

활성산소는 피부 속 구조물을 무차별 공격하며 광노화, 염증, 세포 노화를 초래합니다.

**(3) 흡연: 산소와 영양의 통로를 끊다**

피부로 가는 혈류를 막아 회복을 더디게 하고 잿빛 얼굴, 깊은 주름을 불러옵니다.

**(4) 잘못된 생활 습관: 회복할 기회를 빼앗다**

수면 부족, 과음, 불균형한 식단은 재생 주기를 흐트러뜨리고 장벽 기능을 손상시킵니다.

*외인성 노화는 습관이라는 이름의 연필로, 피부에 선명한 주름을 그립니다.*

### 3) 내인성과 외인성 노화의 비교

| 구분 | 내인성 노화 | 외인성 노화 |
|---|---|---|
| 원인 | 유전적 요인, 자연 노화 | 자외선, 환경, 습관 |
| 영향 부위 | 얼굴 포함 전신 | 햇빛 노출 부위에 집중 |
| 속도 | 서서히, 균일하게 | 빠르고, 부위별로 뚜렷하게 |
| 예방 가능성 | 불가능, 다만 관리 가능 | 적극적으로 예방 가능 |

### 4) 외인성 요인의 영향: 피부노화의 '가속 페달'

자외선, 공해, 스트레스. 이들은 피부 노화의 가장 빠른 지름길입니다. 특히 자외선(UV)는 피부 깊숙이 침투하여 콜라겐을 무너뜨리고 엘라스틴을 손상시켜, 우리가 흔히 느끼는 탄력 저하와 주름의 주요 원인이 됩니다.

노화는 시간의 선고가 아니라, 선택의 결과입니다. 우리는 유전이라는 타고난 대본을 안고 태어났지만, 어떤 장면을 어떻게 연기할 것인가는 매일의 선택에 달려 있습니다. 내인성 노화는 막을 수 없지만, 외인성 노화는 충분히 늦출 수 있습니다.

오늘부터, 당신의 피부 시계를 거꾸로 돌리는 첫 장면을 써보세요. 이 책이 그 여정의 조력자가 되어드릴 것입니다.

외인성 노화를 늦추는 3요소 공식

√ 자외선 차단제(SPF 30 이상, PA+++)

√ 항산화 성분(비타민 C, E, 나이아신아마이드)

√ 건강한 라이프스타일(수면, 식단, 스트레스 관리)

## 6. 나이가 들면서 시작되는 피부 변화: 세월이 남긴 흔적

피부는 나이를 숨기지 않습니다. 그리고 그 변화는 피부 겉이 아니라, 피부 속에서부터 시작됩니다. 거울을 보며 "예전 같지 않다"는 느낌은 단순한 기분이 아닙니다. 그건 피부가 진짜로 달라지고 있다는 신호입니다. 피부의 노화는 단지 '얇아짐'이나 '주름' 같은 표면의 문제에 그치지 않습니다. 그 아래에는 세포의 재생력 저하, 수분 유지력의 상실, 구조적 붕괴, 그리고 보이지 않는 산화 스트레스까지 일어납니다. 피부의 기능 전반이 천천히, 그러나 확실하게 무너지고 있는 과정이 숨어 있는 것입니다.

### 1) 콜라겐 & 엘라스틴 감소: 피부라는 건축물의 붕괴 시작

진피 속 콜라겐과 엘라스틴은 피부의 철근과 스프링입니다. 이 둘이 조화롭게 조직되어야만 피부는 팽팽하고 유연함을 유지할 수 있습니다. 그러나 시간이 흐르며 섬유아세포의 활동력이 떨어지고, ECM(세포외기질)은 점차 구조를 잃어갑니다. 그 결과 피부는 힘을 잃고 주름지며, 중력에 천천히 굴복하게 됩니다.

### 2) 수분 유지력 저하: 촉촉함을 잃어가는 피부

노화는 피부 속의 수분 저수지를 말려갑니다. 각질층의 NMF(천연보습 인자)와 세라마이드, 지질의 감소는 피부를 푸석하게 만들고, 자극에도 예민하게 반응하도록 만듭니다. 촉촉함은 단순한 촉감이 아니라, 피부 장벽의 회복력을 보여주는 지표입니다.

### 3) 색소 침착 증가: 빛의 기억이 얼룩이 될 때

자외선에 반복적으로 노출된 피부는 멜라닌세포의 균형이 무너지며 기미, 주근깨, 검버섯 등 색소의 불균형을 겪습니다. 이건 단순한 미용 문제가 아니라, 피부가 자외선에 반응한 생존의 흔적입니다.

### 4) 혈류 감소: 생기를 잃은 피부

혈류가 줄어든 피부는 산소와 영양이 부족한 상태입니다. 그 결과 피부톤은 칙칙해지고, 회복 속도는 느려지며 '생기 없음'이라는 말이 피부 위에 그대로 나타납니다.

### 5) 피부 노화의 주요 메커니즘: 세포 단위의 리듬 붕괴

피부는 매일 조용한 리듬으로 회복과 재생을 반복합니다. 하지만 노화는 이 리듬을 흐트러뜨리고, 그 속도와 정확성을 잃게 만듭니다.

#### (1) 세포 재생 주기의 지연

정상적인 피부는 약 28일 주기로 스스로를 교체합니다. 그러나 나이가 들면 이 턴오버 리듬은 40일, 50일 이상으로 느려지고 묵은 각질은 피부에 오래 남아 거칠고 칙칙한 피부로 이어집니다.

이는 TGF-β 신호 전달 체계의 약화와 함께 세포 재생 능력이 떨어진 결과입니다.

#### (2) 줄기세포 기능 저하

피부 줄기세포는 손상된 세포를 복구하고, 새로운 피부를 탄생시키는 재생의 엔진입니다. 하지만 나이가 들수록 자가복제 능력과 줄기세포 환경 자체가 약화되며 회복 속도는 눈에 띄게 떨어집니다. 특히 NAD+의 감소는 이 과정을 가속화합니다.

### (3) 텔로미어 단축

DNA 끝을 감싸고 있는 유전적 시간표, 텔로미어는 세포 분열의 '리미트'를 설정합니다. 짧아진 텔로미어는 세포의 수명 종료를 의미하며, 더 이상 복구도, 재생도 어려운 '피부 퇴장의 시간'을 알립니다.

### (4) 산화 스트레스 증가

자외선, 오염, 스트레스, 흡연은 **활성산소**(ROS)의 생산을 자극합니다. 이 활성산소는 콜라겐을 분해하고, MMP를 활성화시키며 DNA 손상, 탄력 저하, 색소 침착을 동시에 유발합니다. 이것이 바로 피부 속 조용한 폭풍입니다.

**노화를 늦추는 실질적 전략**

| 목표 | 추천 접근법 |
|---|---|
| 세포 재생 촉진 | 레티놀, AHA, TGF-β 활성화 유도 성분 |
| 줄기세포 기능 유지 | NAD+ 보충, 줄기세포 활성 펩타이드 |
| 산화 스트레스 억제 | 자외선 차단, 비타민 C/E, 폴리페놀 |
| 유수분 밸런스 회복 | 히알루론산, 세라마이드, 스쿠알란 등 보습 강화 |

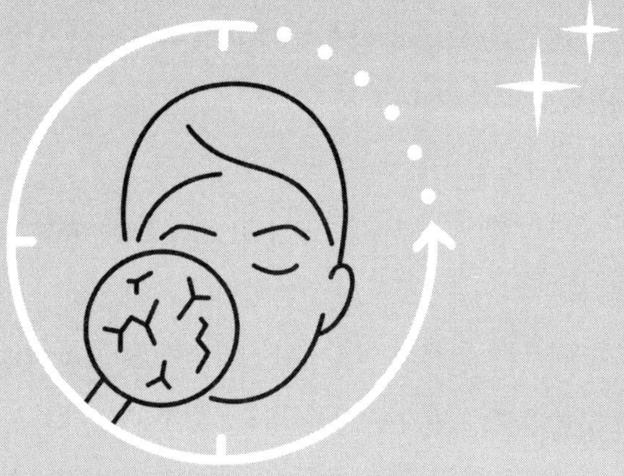

# 2장

# 피부노화와 건조

### 피부 건조, 노화를 앞당기는 숨은 가속 페달

피부가 건조하다는 건 단순히 수분이 부족하다는 뜻만은 아닙니다. 그건 피부가 제 기능을 하지 못하고 있다는 신호, 즉 피부 장벽이 무너지고 있다는 조용한 경고일 수 있습니다.

피부 표면이 메마르고 거칠어지며, 잔주름이 생기고 탄력이 떨어지는 변화는 대부분 건조에서 출발합니다.

건강한 피부는 눈에 보이지 않는 '방어막'을 갖고 있습니다. 이 방어막은 수분이 빠져나가는 것을 막고, 외부 자극으로부터 피부를 보호합니다. 하지만 나이가 들수록 이 장벽은 점점 얇아지고, 느슨해지고, 미세한 틈이 생기면서, 피부는 수분을 잃고 외부 환경에 더욱 쉽게 노출되기 시작합니다.

건조한 피부는 탄력을 잃고, 탄력을 잃은 피부는 다시 쉽게 건조해지는 악순환 속에서 피부는 조용히, 그러나 빠르게 노화의 속도를 높여갑니다.

이 장에서는 다음과 같은 질문에 대해 깊이 있게 살펴봅니다:

*"피부 건조와 노화는 어떻게 서로를 부추기는가?"*

*"피부 장벽은 어떤 구조로 이뤄져 있으며, 왜 무너지는가?"*

*"노화에 따라 수분이 빠져나가는 메커니즘은 무엇인가?"*

그리고 그 첫 번째 단서로, 피부를 지키는 가장 바깥 경계선, '표피 장벽'을 함께 들여다보려 합니다.

## 1. 표피의 피부 장벽: 피부 건강의 첫 방어선

### 마치 방수 코팅된 텐트처럼, 피부를 보호하는 투명한 방패

우리가 '피부 장벽'이라고 부를 때, 그것은 단지 피부 겉면의 얇은 껍질을 의미하는 것이 아닙니다. 표피의 가장 바깥층인 각질층과 그 사이를 메우는 지질층이 촘촘하게 엮여 만들어낸 얇지만 강력한 투명한 방패. 이것이 바로 피부를 외부로부터 지켜주는 '방어막'의 정체입니다.

건강한 장벽은 마치 방수 코팅된 텐트처럼, 수분은 안에 가두고 자극은 밖에서 튕겨냅니다. 하지만 나이가 들수록 이 구조는 균열을 일으킵니다. 지질 성분은 점차 줄어들고, 각질세포의 배열은 흐트러지며, 눈에 보이지 않는 미세한 틈으로 수분은 빠져나가고, 자극은 더욱 깊이 침투합니다.

그 결과, 피부는 거칠고 푸석해지고, 잔주름과 탄력 저하가 서서히 가속화됩니다. 겉으로 드러나는 문제들은 결국, 이 얇고 투명한 장벽에서 시작된 무너짐의 이야기입니다.

### 1) 피부 장벽의 핵심 기능

| 기능 | 설명 |
|---|---|
| 외부 자극 차단 | 자외선, 먼지, 세균 등으로부터 피부 보호 |
| 수분 유지 | 내부 수분의 증발 방지 |
| 피부 균형 유지 | 피부 pH와 유수분 밸런스를 유지하여 항상성 유지 |

### 2) 피부 장벽의 구성

#### (1) 물리적 장벽

- **세포간 지질**(Lipid Matrix): 각질세포 사이를 메우며 '시멘트' 역할을 하는 지질
- **밀착연접**(Tight Junction): 유해물질 침투를 차단하는 밀폐 구조
- **기저막**(Basement Membrane): 표피와 진피를 연결하며, 표피 재생의 기반이 되는 필수 구조

#### (2) 면역 장벽

- **랑게르한스 세포**: 병원균이나 자극을 탐지하고 면역 반응을 유도하는 피부 속의 '경찰관'

### 3) 노화와 건조의 악순환

건조해진 피부는 단지 푸석푸석할 뿐만 아니라, **노화를 부추기는 환경을 만들어냅니다.**

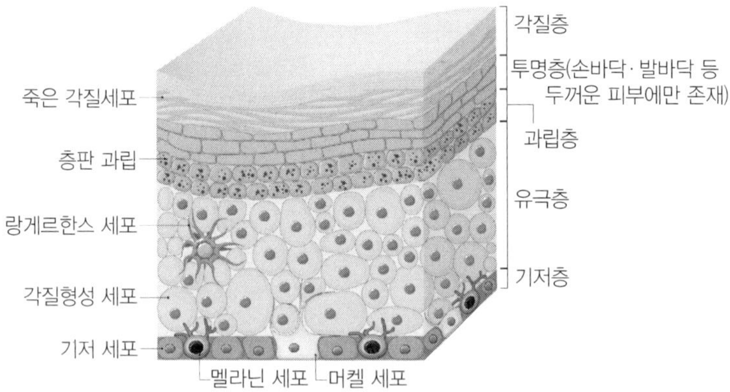


**랑게르한스 세포**

### (1) 피부 지질 감소

나이가 들수록 세라마이드, 콜레스테롤, 자유 지방산 등 보습 지질이 줄어들고, 장벽이 약해집니다.

### (2) 수분 손실 → 탄력 저하

수분이 빠져나간 피부는 진피 내 콜라겐과 엘라스틴의 합성이 저하되고, 구조적 탄성까지 흔들리게 됩니다.

### (3) 염증 반응 유발

건조한 피부는 자극에 민감해지고, 만성 염증이 유발되어 섬유아세포의 기능이 떨어지며 노화가 가속됩니다.

**피부 장벽 손상 시 나타나는 증상**

| 구분 | 증상 | 결과 |
|---|---|---|
| 수분 손실 | 피부 당김, 거칠어짐 | 잔주름 형성 |
| 자극 민감성 | 가려움, 발적 | 염증, 트러블 |
| 회복력 저하 | 상처 회복 지연 | 피부 탄력 감소 |

## 4) 건조한 피부를 위한 실질적 해결 전략

- 순한 클렌징: 강한 세안제는 장벽을 무너뜨릴 수 있습니다.
- 세라마이드 보습제: 부족한 지질을 보충해 피부 방패 복구
- 자외선 차단: UV는 지질과 단백질을 파괴하므로, 매일 사용하는 것이 기본입니다.
- 수분 자물쇠 루틴: 토너 → 수분 세럼 → 지질 크림의 3단계 보호

막 구축으로 장벽을 탄탄하게 지킵니다.

> TIP **세안 직후 피부가 바로 당기나요?**
> 이미 피부 장벽에 금이 갔다는 신호입니다. 즉시 보습제로 '응급 복구'가 필요합니다.

## 2. 피부장벽 1: 각질층의 세포간 지질(Extracellular Lipids)

**피부의 첫 번째 방패, '지질'이 모든 걸 지킨다.**

피부의 가장 바깥층, 각질층은 외부 세계와 맞닿은 피부 방어의 최전선입니다. 이곳은 마치 정교하게 쌓아 올린 성벽처럼 구성되어 있으며, 이 벽을 구성하는 핵심 재료는 두 가지입니다.

- **각질세포**(Corneocytes): 벽돌 역할
- **세포간 지질**(Intercellular Lipids): 벽돌 사이를 메우는 시멘트

이 두 요소가 튼튼하게 결합해야 피부는 수분을 지키고 외부 유해물질을 차단할 수 있습니다. 그 중심에 있는 것이 바로 세포간 지질, 특히 세라마이드입니다.

### 1) 세포간 지질의 구성 성분: 피부 장벽을 세우는 삼각 편대

건강한 세포간 지질은 크게 세 가지 성분으로 구성되어 있습니다: 세라마이드, 콜레스테롤, 자유 지방산. 이들은 각각의 역할을 통해 피부의 구조를 탄탄하게 만들고, 수분 손실을 막아줍니다.

### (1) 세라마이드(Ceramides): 보습의 수문장

피부 지질의 약 50%를 차지하는 세라마이드는 수분이 증발하지 않도록 막는 핵심 역할을 합니다. 마치 고인 물을 잡아주는 댐처럼, 세라마이드는 피부 속 수분을 가두어 피부가 촉촉하고 유연한 상태를 유지할 수 있도록 돕습니다.

### (2) 콜레스테롤(Cholesterol): 구조적 안정성의 열쇠

피부 지질의 약 25%를 차지하는 콜레스테롤은 세라마이드와 함께 지질층의 구조를 지탱합니다. 특히 나이가 들수록 콜레스테롤이 줄어들기 쉬운데, 이는 피부 장벽의 약화를 가속화합니다. 콜레스테롤은 피부의 유연성을 높이고 외부 자극에 대한 저항력을 강화합니다.

### (3) 자유 지방산(Free Fatty Acids): 피부 방어의 마무리 공사자

지질의 약 10~15%를 차지하는 자유 지방산은 세라마이드와 콜레스테롤 사이를 메우며 방수막을 형성합니다. 이는 외부 자극으로부터 피부를 보호하고, 피부가 매끄럽고 탄탄하게 유지될 수 있도록 돕습니다.

**피부장벽의 수호자 "세·콜·지"**

피부 건강에 관심 있다면 꼭 기억해야 할 세 글자, 바로 세라마이드, 콜레스테롤, 지방산입니다. 이 세 가지는 피부 장벽을 구성하는 골든 트리오로, 서로 유기적으로 작용해 수분을 지키고 자극을 막는 든든한 방패 역할을 합니다.

| 성분 | 기능 | 부족 시 문제 |
|---|---|---|
| 세라마이드 | 수분 유지, 장벽 접착 | 건조, 거칠음, 민감성 증가 |
| 콜레스테롤 | 구조 안정성, 유연성 제공 | 장벽 약화, 탄력 감소 |
| 자유 지방산 | 방수막 형성, 유해물질 차단 | 트러블, 민감도 증가 |

**피부 장벽이 약해지면?**

- 건조와 균열: 수분 손실이 심해져 피부가 거칠고 푸석해짐
- 외부 자극에 취약: 자극, 염증, 발적, 가려움 증가
- 민감성 피부로 전환: 일상적인 자극에도 민감하게 반응

**피부 장벽을 강화하는 방법**

- 지질 성분 보충: 세·콜·지 성분이 포함된 스킨케어 제품 사용
- 순한 클렌징: 약산성, 보습 성분이 포함된 클렌저 사용
- 자외선 차단제 사용: SPF 30 이상, 매일 사용 필수
- 보습제 활용: 세안 직후 수분 손실을 막기 위해 즉시 보습

피부 장벽은 단순히 피부의 겉표면이 아니라, 우리 몸을 지키는 가장 중요한 보호막입니다. 특히 세포간 지질은 보이지 않지만 피부 건강을 결정짓는 숨은 영웅입니다. 오늘부터는 세·콜·지와 함께, 내 피부의 방패를 더 단단하게 만들어보세요.

## 2) 세라마이드(Ceramides): 피부 장벽의 핵심 퍼즐 조각

세라마이드는 피부 지질 중 약 50%를 차지하며, 보습·방어·복원의 모든 전략을 담당하는 '보이지 않는 주역'입니다. 특히 건조, 민감, 트러블 피부에서 회복과 안정의 핵심이 되는 성분이기도 합니다.

### (1) 세라마이드는 어떻게 생겼을까?

세라마이드는 스핑고신(Sphingosine)과 지방산이 결합된 복합 지질로, 결합 방식에 따라 다양한 유형이 존재합니다.

| 기본 구조 | 종류 예시 | 기능 요약 |
|---|---|---|
| 단순 체인 | NP / NS | 수분 보유와 빠른 흡수 |
| 중간 체인 | AP / AS | 피부 유연성 및 장벽 강화 |
| 롱 체인 | EOP / EOS | 손상된 피부 복원에 효과적 |

- EOP는 장벽 구조를 형성하고, NP는 빠르게 흡수되어 수분 손실을 막는 역할을 합니다.

### (2) 세라마이드는 피부 속에서 어떻게 만들어질까?

피부는 스스로 세라마이드를 합성하는 정교한 생화학 공정을 갖추고 있습니다.

**Step 1: 스핑고신 생성**

세포 내 소포체에서

세린 + 팔미트산 → 3-케토스핑가닌 → 스핑가닌 → 스핑고신

스핑고신은 항균작용, 신호전달까지 수행하는 멀티 플레이어입니다.

**Step 2: 세라마이드 합성**

스핑고신 + 지방산 → 세라마이드

이 과정은 '세라마이드 합성효소'가 주관하며, 소포체와 골지체를 통해 진행됩니다.

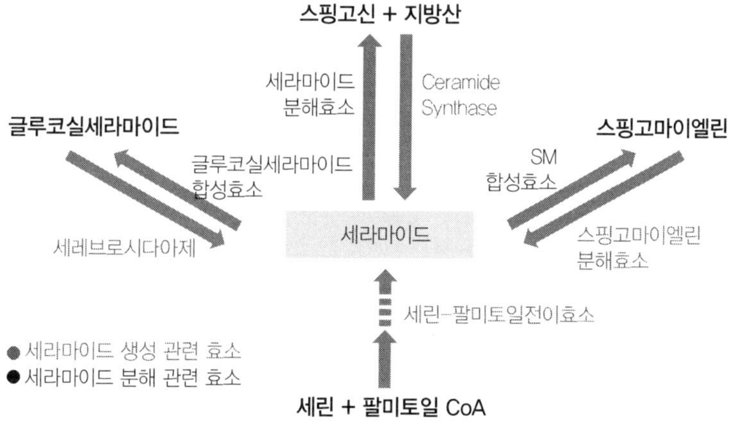

Step 3: 스핑고미엘린 루프

세라마이드는 스핑고미엘린으로 전환되기도 하며, 필요 시 다시 세라마이드로 복귀해 지속적인 장벽 복원 루프를 형성합니다.

### (3) 라멜라 구조: 보이지 않지만 가장 중요한 피부의 설계도

세라마이드는 콜레스테롤, 자유 지방산과 함께 층상 배열된 구조, 즉 **라멜라 구조**(Lamellar Structure)를 형성합니다.

- **세라마이드**: 각질세포 사이를 단단히 붙여주는 시멘트
- **콜레스테롤**: 구조에 유연성과 탄성을 부여
- **자유 지방산**: 수분 손실을 막는 방수층 역할

이 라멜라 구조야말로 피부 장벽의 실체이며, 그 중심축은 세라마이드 EOP입니다.

### (4) 세라마이드와 피부 질환: EOP가 부족하면 나타나는 문제

아토피 피부염, 건선 등 피부 장벽이 무너진 질환의 환자에게서 공통적으로 발견되는 특징은 바로 세라마이드 EOP의 부족입니다.

- 피부가 갈라지고, 자극에 민감해지며, 가려움과 염증이 반복됩니다.

이때 필요한 전략은?

- **세라마이드 NP**: 빠른 흡수로 수분 장벽 보완
- **세라마이드 EOP**: 장벽 구조 복원에 핵심 역할

◆ 세라마이드는 '보습제' 그 이상의 과학입니다

– 피부 장벽의 가장 중요한 퍼즐 조각

= 분자 수준의 맞춤 설계

= 염증과 트러블의 예방자

= 노화 방어의 첫 출발점

피부 속 보이지 않는 설계도. 그 위에 세라마이드라는 작은 성분이, 가장 큰 역할을 하고 있습니다.

**세라마이드와 피부질환: 아토피와 건선, 피부 장벽이 무너질 때 생기는 일**

아토피 피부염과 건선은 단순한 피부 트러블이 아닙니다. 이 질환의 공통된 뿌리는 바로 **'무너진 피부 장벽'**에서 시작됩니다. 그리고 그 장벽의 핵심 기둥이 바로 **세라마이드**, 특히 'EOP'입니다.

**1. 세라마이드 EOP: 피부 방어의 핵심 파수꾼**

세라마이드 EOP는 **긴 사슬 지방산**과 **에스테르 결합**을 갖춘 특별한 구조로, 피부 장벽의 정교한 층상 구조(라멜라 구조)를 만드는 데 꼭 필요한 분자입니다.

마치 벽돌 사이를 빈틈없이 메우는 방수 시멘트처럼, EOP는 **수분을 가두고, 외부의 공격으로부터 피부를 보호**하는 데 결정적인 역할을 합니다. 하지만 아토피 피부염이나 건선 같은 만성 피부 질환에서는, 이 **EOP 세라마이드가 현저히 부족**합니다.

그 결과 피부는 다음과 같은 변화를 겪게 됩니다.

- **수분 손실 증가**: 피부가 쉽게 건조해지고, 갈라지고
- **염증과 가려움**: 미세한 자극에도 면역 반응이 과도하게 일어나며
- ⚠ **과민 반응**: 작은 자극에도 쉽게 붉어지고, 따갑고, 불편합니다.

이 모든 현상은, 피부가 제대로 '막' 역할을 하지 못할 때 벌어지는 **방어 시스템 붕괴**의 징후입니다.

**2. 세라마이드 NP: 빠르게 흡수되는 구조 복구 전문가**

세라마이드 NP는 EOP에 비해 구조가 더 간단하고 사슬 길이가 짧아, **피부**

속으로 빠르게 스며드는 **흡수력**이 특징입니다. NP는 손상된 피부 장벽 속으로 들어가 **신속하게 구조를 재건**하고, 수분이 날아가지 않도록 '밀봉' 역할을 합니다.

〈주요 효과〉

• 피부 장벽을 빠르게 복구·수분 증발 억제·자극으로 인한 붉음증 완화

그래서 **아토피, 민감성, 건성 피부용 고보습제**에는 NP가 자주 사용됩니다.

### 3. 세라마이드의 팀플레이: 균형 잡힌 조합이 해답이다

피부 장벽이 정말 건강하게 작동하려면, 단 하나의 세라마이드가 아닌 **여러 종류의 세라마이드가 함께** 작용해야 합니다. 이것이 바로 '지질 조성의 균형'입니다.

| 세라마이드 유형 | 특징 및 효과 |
|---|---|
| EOP | 손상된 장벽 복구에 핵심, 특히 아토피·건선에 효과적 |
| NP | 빠른 흡수, 수분 유지, 민감 피부 진정 |
| AP | 피부 탄력과 유연성 강화 |
| AS | 각질층의 접착력 강화, 외부 자극 차단 |

맡은 기능은 모두 다르지만, **조화롭게 결합**할 때 가장 강력한 장벽이 완성됩니다. 그렇기 때문에 **'단일 세라마이드 보충'**보다는, 복합 성분을 포함한 제품 사용이 더 효과적입니다.

### 4. 아토피와 건선 관리의 핵심 전략: 세라마이드를 채워라

무너진 피부 장벽은 다시 쌓을 수 있습니다. 그 첫걸음은, **세라마이드 보충과 보호 전략**입니다.

TIP 세라마이드 NP + EOP **함유 보습제** 사용

💧 **수분 & 지질 공급 균형 맞추기**(충분한 보습과 유분 유지)

○ **자극 차단**: 자외선 차단제, 자극 없는 클렌징 루틴 실천

이처럼 세라마이드는 단순한 '보습 성분'이 아닙니다. 피부를 지키는 **첫 번째 방어벽이자, 회복을 이끄는 전략가**입니다. 건조하고 민감한 피부라면, 그리고 아토피나 건선으로 고생 중이라면 지금 이 순간부터는 '세라마이드 중심의 스킨케어 루틴'을 진지하게 고려해보세요.

### 3) 콜레스테롤, 피부 장벽의 숨은 쿠션 디자이너

**세라마이드만으론 부족한 '피부 회복 퍼즐'의 마지막 조각**

우리가 흔히 콜레스테롤을 혈관 건강의 주범쯤으로만 생각하지만, 피부 속 콜레스테롤은 완전히 다른 존재입니다. 그는 말없이 묵묵히 피부를 받치고 연결하는, '조용한 설계자'이자 '노화 속도 조절자'입니다.

나이가 들면 피부가 얇아지는 건, 단지 겉면의 이야기만은 아닙니다. 속에서는 보이지 않는 쿠션 하나하나가 꺼지고, 콜레스테롤이라는 '완충 재료'가 서서히 사라지고 있습니다.

#### (1) 콜레스테롤의 3가지 핵심 기능: 콜레스테롤이 사라지면 피부 장벽도 함께 무너집니다

① 세포막의 유연성 유지

콜레스테롤은 각질세포의 세포막에 자연스럽게 스며들며 세포막의 유동성을 조절합니다.

- 콜레스테롤이 충분한 피부: 마치 바람에 유연하게 흔들리는 방수포처럼, 충격에 강하고 튼튼
- 콜레스테롤이 부족한 피부: 건조한 종이처럼 툭 건드리기만 해도 쉽게 갈라집니다.

② 라멜라 구조의 연결자

피부 장벽은 세라마이드(벽돌)와 자유지방산(점토)로 구성된 층상 구조(Lamellar Structure)입니다. 이 벽돌들을 유연하게 이어주는 쿠션 고무링, 바로 그 역할을 콜레스테롤이 합니다.

*"콜레스테롤 없이는, 세라마이드도 제 역할을 못 한다."*

③ 면역 조절자 + 염증 조정자

콜레스테롤은 피부 속 염증 반응의 과잉을 막고, 손상된 부위에는 회복을 유도하는 '세포 간 화해 메신저' 역할도 수행합니다. 진정 + 회복을 동시에 지휘하는 셈이죠.

### (2) 노화와 함께 사라지는 피부의 쿠션

**피부는 말합니다: "내 안의 쿠션이 꺼지고 있어요."**

콜레스테롤이 줄어들면 피부는 얇아지고, 푸석해지며, 자극에 민감한 '마른 나뭇잎 같은 상태'가 됩니다.

- **수분 손실**: 피부 속 수분이 빠져나가며 당김, 거칠음, 잔주름이 나타납니다.
- **자극 민감도 증가**: 미세먼지, 자외선, 세균 등이 '틈'을 타고 침투합니다.
- **염증 반응 유도**: 산화된 콜레스테롤(옥시스테롤)은 피부 내 염증 유전자를 자극해 만성 염증 → 피부 세포 손상 → 색소 침착까지 유발할 수 있다.

### (3) 콜레스테롤, 왜 줄어드는 걸까?

피부도 나이가 들면 콜레스테롤을 '만들지 못하게' 됩니다.

① 합성 저하

콜레스테롤은 표피에서 스쿠알렌 → 라노스테롤 → 콜레스테롤로 변환되며 만들어집니다. 하지만 노화로 HMG-CoA 환원효소, 스쿠알렌 에폭시다제의 활성이 줄어들고, 콜레스테롤 생산량 자체가 떨어집니다.

② 산화 스트레스에 취약

자외선(UV), 미세먼지, 스트레스에 노출되면 콜레스테롤은 산화되어 옥시스테롤(염증 유발 지질)로 변합니다. 이것이 만성 염증 → 콜라겐 분해 → 탄력 저하 → 색소 침착이라는 노화의 악순환을 촉발합니다.

### (4) 콜레스테롤이 부족하면 나타나는 피부의 'SOS 신호'

- 아무리 보습제를 발라도 피부가 당긴다.
- 조금만 자극에도 쉽게 붉어진다.
- 각질이 잘 일어나고, 회복이 느리다.
- 트러블이 자주 올라오고, 주름이 더 깊어 보인다.

이런 증상이 있다면, 콜레스테롤이라는 '속 쿠션'이 꺼진 것입니다.

### (5) 콜레스테롤을 다시 채우는 3가지 전략: 잃어버린 쿠션을 복원하는 방법

① 콜레스테롤 함유 고보습 제품 사용

- 가장 효과적인 조합 비율은 콜레스테롤:세라마이드:지방산 = 2:1:1입니다. 이 비율은 '라멜라 구조'의 이상적 밸런스로, 피부에 완벽한 미세 방수막을 형성합니다.

② 항산화제 병행 사용

- 비타민 C, E, 폴리페놀 등은 콜레스테롤의 산화 → 옥시스테롤 생성을 막아줍니다.

③ 지질을 보충하는 식이 전략

- 달걀노른자, 아보카도, 고등어, 견과류 등 콜레스테롤과 오메

가-3가 풍부한 식품 섭취. 오메가-3는 세포막의 유연성도 함께 높여줍니다

### (6) 콜레스테롤 vs. 세라마이드: 피부 장벽의 두 축

콜레스테롤은 세라마이드가 작동할 수 있는 무대를 만들어줍니다. 그 무대가 무너지면, 아무리 좋은 성분도 '겉도는 효과'로 끝날 수 있습니다.

| 구분 | 콜레스테롤 | 세라마이드 |
|---|---|---|
| 주요 역할 | 구조 유연성, 염증 조절 | 수분 유지, 장벽 강화 |
| 노화 민감도 | 높음(합성저하) | 중간(상대적 안정성) |
| 산화 위험성 | 높음(옥시스테롤 생성) | 산화 민감도 낮음 |
| 보충 전략 | 항산화제 + 콜레스테롤 함유 제품 | 체인 길이별 세라마이드 다양성 확보 |

**"좋은 보습제"보다, "콜레스테롤 기억하기"**

피부 장벽은 '물만 지켜주는' 구조가 아닙니다. 수분을 붙잡고, 자극을 막고, 회복을 돕는 정교한 생체 쿠션입니다. 그 쿠션의 중심엔 콜레스테롤이 있습니다. 콜레스테롤이 부족한 피부는, 화장품이 '겉도는' 느낌을 줄 수밖에 없습니다. 그럴 땐 화장품을 바꾸기 전에, 먼저 피부 속 콜레스테롤을 채워보세요. 노화된 피부는 그것부터 갈망하고 있으니까요.

### 4) 지방산: 피부 장벽의 유연한 수호자 – 피부 속 '보이지 않는 실링(Sealing)' 기술의 핵심

피부는 단지 얇은 외피가 아니라, 지속적으로 방어하고 조절하는

생체 장벽 시스템입니다. 그 장벽을 보이지 않게, 그러나 강력하게 유지하는 조용한 수호자, 바로 지방산(Free Fatty Acids)입니다.

지방산은 각질세포(corneocytes) 사이를 메우며 수분 증발을 막고 외부 자극의 침투를 차단하는 '피부 장벽의 방수 실링 재료' 역할을 합니다. 이들은 흔히 알려진 보습 성분들처럼 주목받지는 않지만, 콜레스테롤·세라마이드와 함께 '피부 장벽 3대 지질'로 불릴 만큼 피부 건강에 있어 필수불가결한 존재입니다.

### (1) 지방산의 구조: 단순하지만 정교한 생명 설계

지방산은 탄소 사슬과 작고 단순한 작용기를 가진 유기산이지만, 그 미세한 구조 차이만으로도 피부 장벽에 미치는 영향은 완전히 달라집니다.

가장 중요한 구분은 포화 vs 불포화입니다.

#### ① 포화 지방산(Saturated Fatty Acids): 피부 장벽의 견고한 뼈대

탄소 사슬이 곧고 직선형으로 이어진 포화 지방산은
'벽돌처럼 단단한 배열'을 형성해 피부 장벽의 밀도와 방수력을 높이는 데 결정적인 역할을 합니다.

- **대표 성분**: 팔미트산(palmitic acid), 스테아르산(stearic acid)
- **주요 기능**: 수분 증발 차단, 외부 유해 물질 차단, 피부 장벽의 기초 구조 형성

*"포화 지방산은 피부를 지키는 콘크리트 블록입니다."*

② **불포화 지방산(Unsaturated Fatty Acids): 피부에 숨을 불어넣는 유연한 고리**

불포화 지방산은 이중 결합을 포함한 구조 덕분에 탄소 사슬이 살짝 휘어져 있어, 피부 장벽에 유연성을 더해줍니다.

- **대표 성분:** 올레산(Oleic acid), 리놀레산(Linoleic acid)
- **주요 기능:** 피부 장벽의 탄성 유지, 수분 보유력 강화, 각질층의 유연성 증가

*"불포화 지방산은 피부에 유연함과 부드러움을 더해주는 스프링입니다."*

**포화 + 불포화: 함께 있어야 피부가 '움직일 수 있다'**

| 구성 역할 | 비유 |
|---|---|
| 포화 지방산 | 방수막의 철근 |
| 불포화 지방산 | 그 철근을 휘지 않게 하는 경첩 |

포화 지방산만 있으면 딱딱하고 메마른 피부, 불포화 지방산만 있으면 유연하지만 약한 피부가 됩니다. 이 둘의 조화가 피부를 '부드럽게, 그러나 단단하게' 지켜냅니다.

### (2) 지방산의 피부 내 역할

① 세포 간 지질의 핵심 구성원

지방산은 세라마이드, 콜레스테롤과 함께 '피부 장벽 삼총사'를 이룹니다. 이 세 가지가 조화롭게 배치되어, 마치 정교하게 맞물린 퍼

즐처럼 피부를 지켜냅니다. 이 삼총사 없이는 피부는 쉽게 건조해지고, 외부 유해 물질에 노출되기 쉬운 상태가 됩니다.

② 천연 보습 인자(NMF)와의 협력

지방산은 단순한 방어 기능을 넘어서, 피부 속 천연 보습 인자(NMF)의 생성과 작동을 도와줍니다. 수분을 붙잡는 능력을 키워주며, 피부가 사막처럼 갈라지는 것을 막아주는 '수분의 파수꾼' 역할을 합니다.

### (3) 지방산의 합성과 공급: 우리 몸이 만들어내고, 또 받아들여야 하는 영양

지방산은 피부 장벽의 '유연한 시멘트'입니다. 일부는 우리 몸 안에서 합성되지만, 피부에 필요한 모든 지방산을 우리 몸이 스스로 만들어낼 수는 없습니다.

① 체내 합성

지방산은 간이나 피부 세포에서 아세틸-CoA로부터 만들어집니다. 이때 가장 먼저 합성되는 것이 바로 팔미트산, 이후 다양한 포화·불포화 지방산으로 전환됩니다. 그러나 오메가-3, 오메가-6 지방산은 체내에서 만들 수 없어, 반드시 식이 섭취를 통해 보충해야 합니다.

② 식이 섭취의 중요성

- **오메가-3 지방산**: 피부 염증을 억제하고, 장벽 회복을 도와줍니다.

- **오메가-6 지방산**(특히 리놀레산): 수분 유지력을 높이고 민감성 피부를 진정시킵니다.

> TIP 지방산 섭취를 위한 추천 식품 → 연어, 아보카도, 치아씨, 해바라기씨유, 호두

### (4) 노화와 함께 달라지는 지방산 구조

세월은 피부 속 지방산 구성에도 변화를 남깁니다. 젊은 피부는 유연한 불포화 지방산이 풍부하지만, 나이가 들면 이 성분이 줄어들고, 상대적으로 포화 지방산이 많아집니다.

- 포화 지방산 ↑ → 장벽 경직 ↑
- 불포화 지방산 ↓ → 탄력 ↓, 보습력 ↓

그 결과, 피부는 마치 오래된 책장처럼 건조하고 거칠게 변하고, 자극에 민감해지며 잔주름도 쉽게 자리 잡게 됩니다.

### (5) 피부를 위한 지방산 관리 전략

① 식이 보충

- 연어, 견과류, 아마씨, 달걀 노른자 등 오메가-3 & 6 지방산이 풍부한 식품을 꾸준히 섭취
- 이 균형 잡힌 지방산 섭취는 피부 장벽을 안에서부터 회복시키고, 외부 자극에 대한 저항력을 높여줍니다.

② 스킨케어 루틴

지방산이 함유된 보습제를 통해 피부 장벽을 직접 강화할 수 있습

니다. 특히 리놀레산이 들어간 제품은 노화된 피부에 유연성과 진정 효과를 동시에 제공합니다.

지방산은 '보이지 않는 조율자'입니다. 눈에 띄지는 않지만, 피부 장벽 내 정교한 균형을 유지하며 우리가 외부 세상과 부드럽게 만날 수 있도록 도와주는 조용한 수호자인 것입니다. 피부가 요즘따라 푸석하고, 민감하고, 쉽게 당긴다면 그건 피부 속 지방산 균형이 무너졌다는 신호일지 모릅니다. 지금 이 순간, 피부 장벽을 되살리는 조율 버튼을 눌러야 할 때입니다.

### 5) 각질세포, 필라그린, NMF: 피부 장벽의 정밀 건축팀

**보이지 않는 장인들이 짓는, 피부 안의 천연 방어벽**

우리는 피부 장벽이라 하면 단단하고 단순한 '벽'을 떠올리곤 합니다. 그러나 실제로 피부 바깥쪽, 우리가 매일 마주하는 각질층은 고도로 정밀하게 설계된 생체 건축물입니다. 이 작은 층 안에서 각질세포(Corneocytes), 필라그린(Filaggrin), NMF(천연보습인자)라는 세 명의 건축 전문가가 유기적으로 협력하며, 피부를 견고하고 촉촉하게 유지하는 완성도 높은 방어시스템을 만들고 있습니다.

#### (1) 각질세포(Corneocytes): 피부 장벽의 첫 번째 벽돌

각질세포는 이미 세포핵과 소기관을 잃은 '죽은 세포'입니다. 그러나 단순한 잔해가 아닙니다. 이들은 기능을 끝까지 수행하는 '생체 보호막'으로 살아 있습니다.

- **물리적 방어막**: 각질세포는 데스모좀(Desmosome)이라는 접착 단백질로 정밀하게 연결되어, 외부 자극과 병원균의 침입을 철저

히 차단합니다.

- **방수 성능**: 각질세포 사이에는 세라마이드, 콜레스테롤, 지방산으로 구성된 지질막이 있어, 피부 속 수분이 빠져나가지 않도록 강력한 방수 코팅을 형성합니다.

### (2) 필라그린(Filaggrin): 구조와 수분의 이중 설계자

**각질세포를 결속시키고, 피부를 수분과 탄성으로 채우는 마스터 엔지니어**

필라그린은 각질형성세포가 각질세포로 완전히 성숙할 때 등장하는 단백질로, 물리적 장벽과 보습 구조를 동시에 설계합니다.

- **케라틴 응집**: 필라그린은 세포 내부의 케라틴 섬유를 응집시켜 피부를 철근 콘크리트처럼 튼튼하게 고정합니다.
- **세포 간 결합 강화**: 데스모좀과 협력하여 각질세포 간의 결속력을 높여주며, 외부 압력에도 쉽게 무너지지 않도록 방어합니다.

이 단백질 하나로 피부는 더 견고해지고, 외부 물리 자극에도 쉽게 손상되지 않도록 강화됩니다.

### (3) NMF(Natural Moisturizing Factor): 피부 속 천연 수분 자석

필라그린이 남긴 마지막 선물, 피부에 머무는 수분의 본질

필라그린은 임무를 다한 뒤, 스스로 분해되어 NMF(천연보습인자)라는 이름으로 다시 태어납니다. 이 NMF는 각질세포 내부에 존재하며 수분을 붙잡는 '마그넷' 역할을 합니다.

| NMF 성분 | 주요 기능 |
|---|---|
| 아미노산(세린, 글루탐산 등) | 수분을 끌어당기는 친수성 성분 |
| PCA(피롤리돈카복실산) | 피부 깊숙이 수분 저장 |
| 락틱산 | pH 균형 유지, 장벽 보호 |
| 우레아 | 피부 유연성 강화, 촉촉함 유지 |

이들 NMF는 피부를 약산성 상태로 유지해 병원균 침입을 억제하며, 건조한 환경에서도 수분을 고정해 '사막의 선인장' 같은 생존력을 부여합니다.

### (4) 필라그린·NMF 결핍은 피부질환의 뿌리

'단순 건조'가 아니라, 피부 설계도 자체의 붕괴일 수 있습니다.

- **아토피 피부염**: 필라그린 유전자 돌연변이 → NMF 생성 저하 → 심각한 건조와 염증
- **건선 및 극심한 건성 피부**: 각질세포 탈락 속도 증가 → 수분 증발 가속화 → 피부 균열과 가려움
- **민감성 피부**: 약산성 균형 붕괴 → 세균·자극에 무방비 노출

### (5) 피부 장벽 복원을 위한 실전 전략

**이 미세 엔지니어링 팀에 다시 에너지를 공급하려면**

① NMF 유도 보습제 사용

PCA, 우레아, 아미노산 성분이 포함된 제품을 선택하세요.

② 약산성 클렌징 루틴 유지

강한 세정은 NMF를 씻어내므로, pH 5.5 내외의 순한 클렌저를 사

용 후 빠른 보습이 중요합니다.

③ 환경 차단 루틴 병행

가습기, 자외선 차단제, 보습막을 함께 사용하면 외부 자극을 최소화하고 장벽 회복을 촉진할 수 있습니다.

각질세포 – 필라그린 – NMF, 이 세 가지는 피부의 겉과 속을 연결하는 정밀한 생체 건축 팀입니다. 이들이 유기적으로 움직일 때 피부는 진짜로 강해지고, 눈에 보이지 않는 장벽 하나로 외부 세상과 건강하게 맞설 수 있습니다.

만약 요즘 피부가 예민하고 푸석하다면?

그건 피부 속 장인들이 제 역할을 하지 못하고 있다는 신호입니다. 이제, 그들에게 다시 '연료'를 공급할 시간입니다.

**겉과 속이 다른 라멜라 구조**

피부장벽 속, 보이지 않는 '수분 방패막'의 정교한 설계

피부의 겉면을 들여다보면 마치 단순한 보호막처럼 보입니다. 하지만 현미경으로 들여다본 그 속은 상상을 초월할 만큼 정교한 건축물로 이루어져 있습니다. 그 중심에 바로 **'라멜라 구조'**(Lamellar Structure)가 있습니다.

**1. 라멜라 구조: 피부 속의 이중 방어막**

라멜라 구조란, 세포 사이를 메우고 있는 지질층이 물(친수성)과 기름(소수성)의 층을 교대로 쌓아 만든 다층막입니다. 이는 마치 '수분과 유분이 교대로 켜켜이 쌓인 미세한 밀피유'와도 같은 구조로, 우리 피부가 물은 머금고, 해로운 것은 밀어낼 수 있도록 설계된 **천연 생체 장벽**인 것입니다.

〈라멜라 구조의 핵심 3요소〉

- **세라마이드**: 장벽의 접착제
- **콜레스테롤**: 유연성을 부여하는 완충재
- **지방산**: 탄성 있는 막을 형성하는 구조체

이 세 가지가 서로의 틈을 메우며, 피부의 '미세 수분 저장고' 역할을 합니다.

*"라멜라 구조는 피부가 입고 있는 맞춤 방수 자켓이다.*
*물은 품되, 독은 막는다."*

**2. 라멜라 구조, 화장품 속에 재현되다**

화장품 과학자들은 이 자연의 구조에서 아이디어를 얻었습니다. 라멜라 구조를 모사한 화장품은 피부 장벽과 유사한 방식으로 흡수되고 작용합니다. 이 구조를 구현하기 위한 핵심 성분들은 다음과 같습니다.

| 성분 | 역할 |
|---|---|
| 정제수(Water) | 친수성 층을 재현하여 수분 공급 |
| 보습제(Humectants) | 천연보습인자(NMF) 역할, 수분 고정 |
| 유분(Oils) | 소수성 층 역할, 수분 증발 차단 |

이러한 배합은 단순히 보습을 넘어서, **피부의 손상된 라멜라 구조를 '복원'** 하는 데까지 도움을 줍니다. 덕분에 화장품의 유효 성분이 피부 깊숙이 흡수될 수 있는 '길'도 열리는 것이죠.

**3. 화장품 성분의 80%가 정제수인 이유**

**"정제수는 그저 '채우기 위한 물'일까?"**

그렇지 않습니다. 정제수는 **라멜라 구조의 친수성 층**을 모사하여 피부가 익숙한 환경을 제공하고, 나머지 유효 성분의 전달을 돕는 **촉매** 역할을 합니다. 화장품에서 정제수는 **기능적인 베이스**입니다.

- 수분 공급 • 흡수 촉진 • 지질막과의 조화

즉, 정제수가 없다면 화장품의 나머지 성분들도 제대로 작동하지 못하는 셈입니다.

"화장품의 80%가 물"이라는 건, **피부를 가장 잘 이해한 설계**의 결과이기도 합니다.

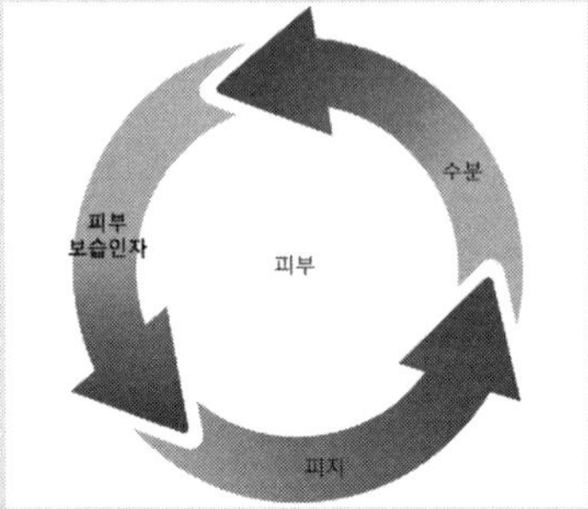


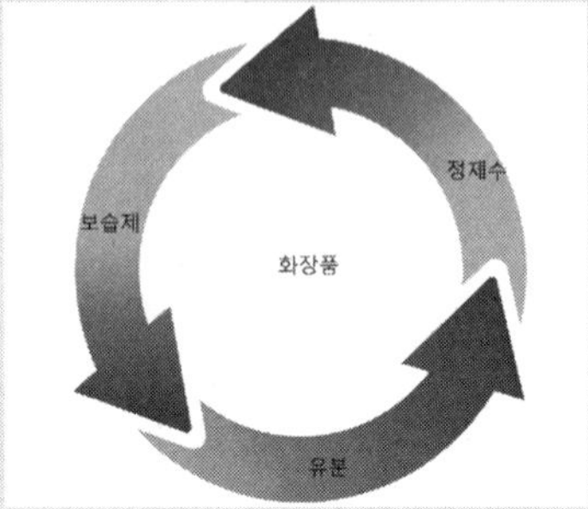


라멜라 구조는 피부 속에서 말없이 일하는 '눈에 보이지 않는 방패막'입니다. 수분과 기름이 절묘한 균형을 이루는 방어 시스템이 있을 때, 우리는 매끈하고 탄탄한 피부를 가질 수 있습니다.

화장품은 이 구조를 흉내 내어, 피부에 말을 거는 방식으로 설계됩니다. 겉에서 바르는 크림 한 겹이, 피부 속 정교한 구조와 '공명'할 수 있도록. 당신의 피부가 단순히 촉촉하길 원한다면 수분을, 피부가 **스스로 촉촉해지길 원한다면** '라멜라 구조 복원'부터 시작해야 합니다.

## 3. 피부장벽 2: 각질층과 과립층 사이의 밀착연접

**보이지 않는 '지퍼' 하나가, 피부의 모든 것을 결정한다.**

건강한 피부 장벽은 단순히 세포들이 층층이 쌓여 있는 구조가 아닙니다. 진짜 '방어력'은 그 세포 사이를 지퍼처럼 단단히 봉합하는 밀착연접(Tight Junction)에서 나옵니다. 이 보이지 않는 연결고리는 피부 속 수분과 외부 자극 사이의 경계를 통제하는, 가장 정교한 생체 보호장치입니다.

### 1) 밀착연접의 구조: 피부 속 '생체 지퍼'의 정체

밀착연접은 클라우딘(Claudin), 오클루딘(Occludin), 줌불린(Zonulin) 등의 단백질이 마치 지퍼 이빨처럼 맞물려, 각질층과 과립층 사이를 빈틈없이 봉합하는 구조입니다. 이 구조는 단순한 접착이 아닌, 마치 수분·이온·분자들의 출입을 관리하는 '지능형 도어락'에 가깝습니다.

[밀착연접의 3대 기능]

- **수분 증발 차단**: 피부 안의 수분이 밖으로 빠져나가지 않도록 봉인
- **외부 침입 차단**: 알레르겐, 세균, 화학물질 등 유해 요소의 침투를 봉쇄합니다.
- **피부 저항력 유지**: 결합력이 높을수록 피부는 더 견고하게 외부 자극에 저항합니다.

*"밀착연접은 피부의 이중 잠금장치다.*
*첫 번째 열쇠는 세포막, 두 번째 열쇠는 단백질 지퍼다."*

### 2) 밀착면접이 무너지면 벌어지는 일들

한 번만 생각해 보세요. 지퍼가 열린 텐트가 폭우와 바람을 막아낼 수 있을까요? 밀착연접이 약해지면, 피부 역시 비슷한 상황을 맞이하게 됩니다.

| 증상 | 설명 |
|---|---|
| 수분 손실 증가 | 피부가 푸석푸석해지고, 잔주름이 쉽게 생깁니다. |
| 염증 반응 유발 | 세균, 먼지, 자극물질이 쉽게 침투해 가려움, 발적, 트러블이 증가합니다. |
| 방어력 저하 | 피부가 얇아지고, 자외선·먼지·화학성분에 민감해집니다. |

*"밀착연접이 무너진 피부는, 속옷 없이 외출한 것과 같다. 겉으로는 멀쩡해 보여도, 방어 체계는 모두 무장해제된 상태다."*

### 3) 밀착연접을 지키는 스킨케어 루틴

좋은 피부 장벽은 단순히 수분을 바르는 것이 아니라, '지퍼 구조'를 지키는 생활 습관에서 시작됩니다.

**[피부 장벽을 촘촘히 지키는 3단계 루틴]**

① 보습제 사용: 히알루론산, 세라마이드 등은 밀착연접 단백질의 기능을 강화하고 안정화시킵니다.

② 순한 클렌징: 과도한 세안은 단백질 지퍼 구조를 손상시킵니다. 약산성의 저자극 세안제를 사용하는 것이 기본입니다.

③ pH 밸런스 유지: 피부는 pH 4.5~5.5의 약산성 상태에서 가장 안정적입니다. 이 범위를 벗어나면 단백질 구조가 무너질 수 있습니다.

### 4) 밀착연접은 피부과학의 다음 시대를 여는 열쇠

최근 피부과학 연구들은 아토피피부염, 건선 등 만성 염증 질환에서 클라우딘 단백질의 결핍이 공통적으로 나타난다는 사실을 확인했습니다. 이는 앞으로의 화장품이 단순 보습을 넘어서, 단백질 네트워크의 복원을 고민해야 할 때임을 말해줍니다.

**[미래 화장품의 방향성]**

- Tight Junction 강화 성분 개발
- 피부 마이크로바이옴과 밀착연접 간 상호작용 연구
- 표피 내 단백질 네트워크 복원 기술

밀착연접, 피부를 '피부답게' 만드는 조용한 주역 피부는 단순한 겉 표면이 아니라, 정교하게 설계된 생명 구조물입니다. 그 구조물의 이음매를 촘촘하게 봉합해 주는 생체 지퍼, **밀착연접**(Tight Junction)이 무너지면 피부는 수분을 잃고, 방어력을 잃고, 결국은 민감성·트러블·염증이라는 결과로 이어집니다.

*"당신의 피부가 예민해지고 푸석해졌다면, 보습제를 바르기 전에 '지퍼부터 다시 잠그세요."*

## 4. 피부장벽 3: 표피와 진피 사이의 기저막(Basement Membrane)

### 보이지 않지만, 피부 전체를 지탱하는 '미세한 교각'

피부는 단순히 층이 쌓인 구조가 아닙니다. 겉으로는 '표피'와 '진피'로 나뉘지만, 그 사이에는 이 둘을 단단히 이어주는 보이지 않는 접합부, 바로 기저막(Basement Membrane)이 존재합니다. 이 기저막은 단순한 연결고리가 아니라, 콜라겐·엘라스틴과 함께 피부 생명력을 유지하는 핵심 축입니다. 마치 고층 건물을 받치는 콘크리트 기둥처럼, 피부를 오래도록 탄탄하게 유지하는 보이지 않는 지지대입니다.

### 1) 기저막의 구조: 얇지만 정교한 생체 건축물

기저막은 두 개의 층으로 구성되어 있으며, 각각의 층은 접착과 지지라는 고유의 역할을 수행합니다.

#### (1) 투명판(Lamina Lucida)

표피와 맞닿은 층으로, 라미닌(Laminin)과 니도겐(Nidogen)이라는 단백질이 존재합니다. 이 단백질들은 표피 세포가 진피에 안정적으로 '붙을 수 있도록' 도와주는 일종의 생체 접착제 역할을 합니다.

#### (2) 밀집판(Lamina Densa)

진피 쪽에 위치하며, 콜라겐 IV(Collagen IV)와 퍼레칸(Perlecan)이 그물망처럼 교차되어 진피를 단단히 받쳐줍니다. 마치 고층 건물의 철근처럼, 이 밀집판은 피부 구조 전체의 기초 안정성을 확보하는 핵심입니다.

### 2) 기저막의 주요 기능: 보이지 않는 곳에서 피부를 설계하다

#### (1) 피부 턴오버의 길잡이

기저막은 각질형성세포가 표면까지 이동하는 경로를 안내하는 '지하철 플랫폼' 같은 역할을 합니다. 건강한 기저막은 **피부 턴오버 주기**(약 28일)를 유지시키며, 피부를 항상 맑고 균일하게 유지하는 데 핵심적입니다.

### (2) 피부 장벽의 견고한 앵커

표피와 진피를 단단히 결속시켜 피부에 탄력과 복원력을 부여합니다. 기저막이 튼튼할수록 피부는 외부 자극에 덜 민감하며, 쉽게 주름지지 않습니다.

### (3) 영양과 산소의 전달자

표피에는 혈관이 없어 진피로부터 영양과 산소를 공급받아야 합니다. 이때 **기저막은 두 층을 오가며 영양분을 실어 나르는 피부 속 '배송 시스템'**이 됩니다. 기저막이 손상되면 표피 세포는 제 역할을 다하지 못하고, 피부는 푸석해지고 생기를 잃게 됩니다.

### (4) 상처 회복의 촉진자

손상이 생기면 기저막은 즉시 재생 신호를 보내며, 섬유아세포의 콜라겐 합성을 유도합니다. 빠른 상처 회복은 건강한 기저막 덕분입니다.

## 3) 노화와 기저막: 피부의 '토대'가 무너지기 시작할 때

### (1) 기저막의 얇아짐 → 턴오버 지연 → 피부 칙칙함

노화로 인해 라미닌과 콜라겐 IV의 생성이 감소하면, 기저막은 점점 얇아지고 구조가 느슨해집니다. 그 결과, 세포 재생 속도는 느려지고 묵은 각질이 쌓이며 피부결은 거칠고 생기를 잃게 됩니다.

### (2) 표피와 진피의 이탈 → 주름 & 처짐

기저막이 약해지면, 표피와 진피의 결속력이 떨어져 피부가 처지고 주름이 깊어지기 시작합니다. 마치 스프링이 약해진 매트리스처럼 피부는 복원력을 잃고 주저앉게 됩니다.

### (3) 회복력 저하 → 상처가 더디게, 자극엔 민감하게

기저막은 피부 재생의 지휘 센터이기도 합니다. 기능이 약해지면 섬유아세포에 '콜라겐을 만들라'는 명령도 느려지며, 작은 상처도 회복이 더디고 피부는 외부 자극에 민감해집니다.

## 4) 기저막을 지키는 실전 전략

피부 나이를 바꾸는 건, 바로 '보이지 않는 곳의 건강'입니다.

### (1) 항산화제(비타민 C, E 등)

산화 스트레스를 줄여 기저막 단백질을 보호합니다. 마치 녹슬기 전의 철 구조물에 방청제를 바르듯, 피부의 노화를 지연시키는 기초 케어입니다.

### (2) 레티놀 사용

턴오버 주기를 회복시키고, 기저막 두께 유지에 도움을 줍니다. 꾸준히 사용할 경우 주름 예방과 탄력 개선 효과도 기대할 수 있습니다.

### (3) 펩타이드·EGF 기반 안티에이징 제품

성장인자(EGF)와 펩타이드는 기저막을 통해 콜라겐·엘라스틴 리모델링을 촉진하고, 손상된 피부의 재생을 유도합니다.

**피부 건강의 핵심은 '보이지 않는 곳'에 있습니다.**

눈에 띄는 탄력, 윤기, 매끄러움은 결국 기저막이 튼튼하게 받쳐주고 있을 때에만 가능한 이야기입니다. 피부가 쉽게 지치고 예민해졌다면, 지금은 '기초를 지키는 전략'에 주목해야 할 때입니다. 기저막을 관리하는 습관은, 피부 노화의 시계를 되돌리는 첫 걸음이 될 수 있습니다.

## 5. 피부장벽 4: 면역장벽(Immune Barrier)

**당신의 피부를 지키는 '보이지 않는 수호자', 랑게르한스 세포**

우리의 피부는 외적으로 평온해 보여도, 실상은 끊임없는 전장입니다. 자외선, 미세먼지, 세균, 알레르겐 등 매일같이 쏟아지는 공격 속에서 피부를 실시간으로 지키는 가장 최전방의 수호자, 바로 랑게르한스 세포(Langer hans Cells)입니다. 이 작은 감시자들은 단순히 세포 하나가 아닌, 피부의 면역 시스템을 조율하는 지능형 방위 시스템입니다.

### 1) 피부 속의 첨단 보안망: 랑게르한스 세포

랑게르한스 세포는 표피의 유극층(Spinous Layer)에 분포하며, 나뭇가지처럼 뻗은 수지상 돌기를 통해 피부 전반을 정밀하게 감시합니다. 외부 병원체, 자극 물질, 알레르겐이 접근하면, 이 세포는 이를 즉각 포착해 림프절로 이동, T세포에 경고를 보냅니다. 이 과정을 통해 피부는 단순한 장벽이 아닌, 능동적으로 대응하는 생체 방어 시스템으로 작동하게 됩니다.

[랑게르한스 세포의 주요 임무]

(1) 항원 포착 & 면역 반응 유도

외부 병원체(항원)를 포획하고, 림프절 T세포에 정확히 제시해 전신 면역 반응을 유도합니다.

(2) 면역 기억 형성

동일한 병원체에 재노출되었을 때 더 빠르게 반응할 수 있도록 '면역 기억'을 형성합니다.

(3) 즉각적인 염증 반응

자극 감지 시, 빠른 염증 반응으로 피부 깊숙한 침투를 막아냅니다. 피부의 1차 방어선을 강화하는 핵심 전략입니다.

### 2) 랑게르한스 세포의 적: 자외선과 노화

이 뛰어난 감시자도 두 가지 강력한 약점이 있습니다. 바로 자외선(UV)과 노화(Aging)입니다. 자외선(UVB)는 랑게르한스 세포의 수를 감소시키고 기능을 약화시킵니다. 자외선 노출이 반복되면 면역력이 떨어져 피부암 발생 위험도 증가합니다. 또한 나이가 들수록 세포의 수와 활성이 감소하고, 피부는 작은 상처에도 회복이 더뎌지며 면역 방어력이 급격히 떨어집니다.

### 3) 피부 면역력을 회복하는 3가지 전략

피부가 예민해지고 트러블이 잦아졌다면? 그건 랑게르한스 세포가 약해졌다는 신호일 수 있습니다. 아래의 세 가지 전략은 이 면역세포가 제 역할을 다할 수 있도록 도와줍니다.

### (1) 철저한 자외선 차단

가장 기본이자 가장 강력한 보호 전략입니다. 매일 SPF30 이상, PA+++ 자외선 차단제를 바르세요. 랑게르한스 세포를 보호하면, 피부의 전체 면역력도 함께 지켜집니다.

### (2) 항산화 성분으로 면역력 강화

비타민 C, E, 폴리페놀 등은 활성산소로부터 랑게르한스 세포를 지켜줍니다. 산화 스트레스를 줄이면, 면역 시스템의 작동 효율이 높아집니다.

### (3) 피부 장벽 강화 성분 활용

세라마이드, 콜레스테롤, 지방산 등의 보습 성분은 랑게르한스 세포가 안정된 환경에서 작동할 수 있도록 지원합니다. 장벽이 튼튼해야, 면역 반응도 효율적으로 작동합니다.

### 피부 면역의 '보이지 않는 영웅'을 지키는 일

랑게르한스 세포는 면역과 재생, 기억과 경고를 오가는 다기능 플레이어입니다. 이 세포들이 활력 있게 작동할 수 있어야, 피부는 건조함, 트러블, 알레르기, 염증으로부터 멀어질 수 있습니다. 당신의 피부가 자꾸만 붉어지고 예민해진다면, 지금 이 작은 면역 수호자가 도움을 요청하고 있는 것일지도 모릅니다. 이젠, 보이지 않는 수문장을 위해 '건강한 피부 환경'을 만들어줄 차례입니다.

## 6. 진피의 기질 성분: GAGs와 프로테오글리칸

피부 탄성의 무대 뒤편, 조용히 무너지는 보습과 구조의 설계자들

피부의 주름은 결코 겉에서 시작되지 않습니다. 노화는 언제나 피부 깊은 곳, ECM(세포외기질)의 균열부터 시작됩니다. 특히 글리코사미노글리칸(GAGs)과 프로테오글리칸(Proteoglycans) 두 설계자의 소멸은 피부의 탄성 저하, 주름, 회복 지연의 도화선이 됩니다.

### 1) GAGs: 피부 속 수분 저장고, 사막에 핀 오아시스

GAGs는 자신의 무게의 수백~1,000배에 달하는 수분을 저장할 수 있는 강력한 친수성 다당류입니다. 히알루론산(Hyaluronic Acid), 콘드로이틴 황산, 데르마탄 황산 등 형태는 다양하지만, 목적은 하나 피부를 촉촉하게 숨 쉬게 만드는 것입니다.

- GAGs가 줄어들면?

노화로 인해 합성 속도는 느려지고 분해는 빨라집니다.

수분이 빠져나간 진피는 마치 바람 든 스펀지처럼 꺼지고, 그 위에 놓인 표피는 탄력을 잃고 주름지기 시작합니다.

### 2) 히알루론산: 피부 속 보습의 슈퍼스타

히알루론산은 GAGs 중에서도 가장 잘 알려져 있으며, 피부 볼륨과 수분 유지를 동시에 책임지는 보습의 핵심 키플레이어입니다.

### (1) 핵심 기능

- **수분 자석**: 진피 속에서 수천 개의 물 분자를 붙잡아두며 피부를 볼륨감 있게 유지
- **장벽 강화**: 외부 자극과 오염으로부터 피부를 보호
- **세포 신호 조절**: 재생, 염증 반응, 상처 치유에도 깊이 관여

### (2) 노화와의 연관성

히알루론산은 노화로 가장 먼저 감소하는 성분 중 하나입니다. 그 결과, 피부는 메마르고 푸석해지며 탄력을 잃고, 깊은 주름이 자리하게 됩니다.

## 3) 프로테오글리칸: 피부를 지지하는 '생체 거푸집'

GAGs가 수분을 저장하는 스펀지라면, 프로테오글리칸은 그 스펀지를 지지하는 구조적 프레임입니다. 단백질 코어에 GAGs가 결합된 다발 구조는 ECM 안정성과 세포 간 신호 조절에 핵심 역할을 합니다.

### (1) 대표 성분과 기능

- **신데칸(Syndecan)**: ECM과 세포를 연결하고 면역 반응 조절
- **데코린(Decorin)**: 콜라겐 섬유를 정렬시켜 조직 안정화
- **퍼리칸(Perlecan)**: 기저막 구조 형성과 상처 회복 지원

### (2) 노화로 인한 변화

- 합성 속도 감소 → ECM 구조 약화
- 피부 탄성 저하 → 깊은 주름, 처짐, 회복 지연

### 4) GAGs & 프로테오글리칸 붕괴가 피부에 미치는 영향

**(1) 보습력 저하**

피부 속 수분이 빠져나가 각질층이 푸석해지고 가려움 유발

**(2) 탄력 소실**

진피 구조물이 줄어 표피를 지지하지 못함 → 중력에 의해 처짐 발생

**(3) 재생력 저하**

상처 회복이 느려지고, 만성 염증이나 색소침착으로 이어짐

### 5) 설계자들을 다시 깨우는 3가지 전략

피부 속 구조의 균형을 되찾으려면, 이 설계자들을 위한 보충이 필요합니다.

**(1) 스킨케어 전략**

히알루론산이나 마린 프로테오글리칸이 함유된 제품
→ 진피의 수분-탄성 네트워크 회복에 효과적

**(2) 식이요법**

- **비타민 C, E**: 산화 스트레스 완화, 합성 촉진
- **오메가-3 지방산**: 염증 완화, 세포막 유연성 강화
- **아미노산**: GAGs와 프로테오글리칸의 구성 성분 제공

### (3) 메디컬 솔루션

히알루론산 필러, 프로테오글리칸 주사 → 빠른 볼륨 회복과 진피 내 구조 보강

**진짜 안티에이징은 피부 속, '설계도'를 지키는 일**

GAGs와 프로테오글리칸은 단순한 '촉촉함'이나 '탱탱함'을 넘어서, 피부 구조 전체를 설계하고 유지하는 생체 엔지니어입니다. 겉으로 드러나는 주름, 푸석함, 처짐은 이들이 사라진 결과일 뿐. 우리가 해야 할 일은, 이 설계자들을 다시 불러오는 것입니다.

안티에이징은 겉보다 깊은 곳에서 시작됩니다. 당신의 피부가 다시 생기를 찾을 수 있도록, 오늘부터 진피 속 '보이지 않는 설계도'를 다시 채워주세요.

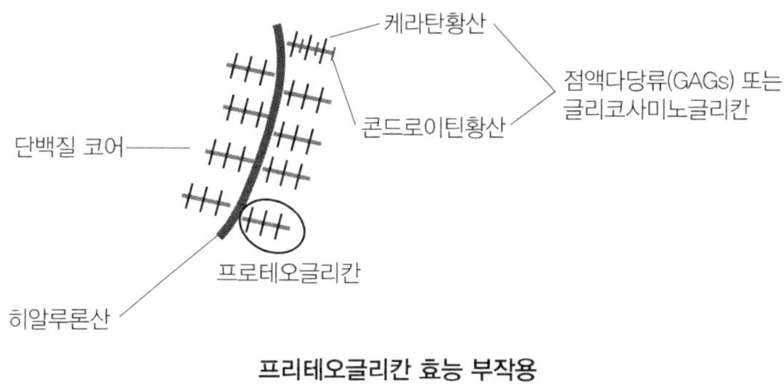


**프리테오글리칸 효능 부작용**

# 3장

# 피부노화와 주름

### 주름은 피부 겉이 아니라, 얼굴 속에서 시작됩니다.

거울 앞에 서면 가끔 낯설게 느껴지는 순간이 있습니다. 어느새 깊어진 눈가의 잔주름, 무거워진 팔자 라인, 점점 선명해지는 미간의 세로 주름까지.

*"분명 어제랑 같은 얼굴인데… 왜 주름만 자꾸 새롭게 생기는 느낌이지?"*

이 질문의 답은, 나이가 들어서라는 당연한 이유 그 너머에 있습니다. 주름은 피부 표면 위에서 눈에 보이지만, 그 시작점은 피부 아래에서부터 조용히 진행되고 있기 때문입니다.

### 얼굴 위에 새겨진 시간의 흔적, 주름을 만드는 세 가지 이야기

누구는 나이에 비해 매끈한 얼굴을, 누구는 젊은 나이에도 깊은 주름을 가집니다. 도대체 그 차이는 어디서 시작될까요? 지금부터 우리는 그 답을 찾기 위해 주름이 만들어지는 세 가지 메커니즘을 함께 살펴보겠습니다. 얼굴 위에 새겨진 '시간의 흔적'을 피부과학의 시선으로 깊이 들여다보는 시간이 될 것입니다.

#### ① 얼굴 속 골격과 지방 변화로 인한 '꺼짐형 주름'

얼굴은 단순히 피부로만 지탱되는 것이 아닙니다. 피부 아래에서 뼈는 얼굴을 든든히 지탱하는 기둥이고, 지방은 팽팽한 쿠션입니다. 하지만 시간이 지날수록 뼈는 서서히 밀도가 낮아지고 작아집니다. 그와 함께 지방은 원래의 위치에서 조금씩 이동하거나 사라지죠. 이렇게 기둥과 쿠션이 약해지면 피부는 지지력을 잃고 중력의 방향으로 흘러내립니다. 그 결과, 원래의 매끈했던 자리엔 주름과 꺼짐이 자연스럽게 자리잡게 됩니다.

쉽게 생각하면 이렇습니다. 마치 오래된 소파가 스프링이 빠지고 솜이 한쪽으로 쏠리면서 모양이 망가지듯, 우리의 얼굴도 뼈와 지방의 변화 때문에 형태가 무너지고 주름이 깊어지는 것입니다.

② 반복된 표정이 만들어내는 '표정 주름'

매일 우리는 수십, 수백 번 표정을 짓습니다. 웃음, 찡그림, 놀람 등 끊임없이 이어지는 표정은 피부에 지속적인 자극을 주며 미세한 흔적을 남깁니다. 특히 표정을 자주 짓는 이마나 눈가, 입가는 그 자국이 점점 더 깊어지죠. 예를 들어 종이를 반복해서 접었다 펼쳤다 하면, 접힌 선은 더 선명하고 깊어지는 것과 같습니다. 이처럼 매일의 표정은 우리 얼굴 피부 위에 '시간의 흔적'을 새기고 있습니다. 표정을 짓는 순간에만 나타났던 가벼운 흔적이 어느 날부터는 그대로 고정된 깊은 주름이 되어 얼굴에 자리 잡게 되는 것입니다.

③ 피부 자체의 재생력 감소로 인한 '탄력 저하형 주름'

피부는 평생 새로운 세포를 만들어내며 재생합니다. 하지만 그 재생 속도는 20대 후반부터 점차 느려지기 시작합니다. 피부 깊숙한 진피층에 있는 콜라겐과 엘라스틴, 그리고 수분을 저장하는 ECM(세포외기질)의 구성 성분들이 나이가 들수록 점점 줄어듭니다. 피부는 더 이상 이전처럼 탄탄하게 버티지 못하고, 늘어지며 주름이 쉽게 자리 잡는 구조로 바뀌게 됩니다. 이는 마치 오래 사용한 고무줄이 늘어지고 탄력을 잃는 것과 비슷합니다. 한 번 늘어진 피부 구조는 쉽게 복구되지 않으며, 결국 주름은 깊고 선명해집니다.

### 주름, 단지 피부 표면의 금이 아닙니다.

주름은 피부 표면에서 보는 단순한 선이나 자국이 아닙니다. 피부 아래의 복합적이고 입체적인 변화가 겉으로 드러난 결과입니다. 그러니 주름을 관리하고 싶다면, 겉에서만 접근하는 방법으로는 근본적인 해결이 어렵습니다. 얼굴 속에서 어떤 변화가 일어나고 있는지 이해하는 것이 반드시 필요합니다.

지금부터 우리는 그 과정 속으로 들어가 보려고 합니다.

- 얼굴 뼈와 지방이 이동하며 생기는 변화
- 매일 반복되는 표정이 주름으로 고정되는 메커니즘
- 피부의 재생력 감소와 콜라겐, 엘라스틴이 줄어드는 이유

이 모든 내용을 통해, “왜 내 얼굴엔 이런 주름이 생겼을까?”, “내가 지금 어떤 관리를 해야 주름을 늦출 수 있을까?” 그에 대한 해답을 찾을 수 있도록 돕겠습니다.

주름은 단지 나이 탓만이 아닙니다. 주름은 당신의 피부 깊은 곳에서 조용히 기록된 ‘생활의 흔적’이며, 당신이 매일매일 만들어가는 얼굴의 기록입니다.

그리고 이 기록은 오늘부터 당신이 다시 써 내려갈 수 있습니다. 지금, 새로운 관리의 첫 장을 열 준비가 되셨나요?

# 1. 피부 깊은 곳에서 시작되는 주름의 설계도

## 근육, 뼈, 지방이 들려주는 얼굴 구조의 비밀

우리는 흔히 주름을 피부 표면에 생긴 '선'이라고 생각합니다. 하지만 진짜 주름은 훨씬 더 깊은 곳, 얼굴 속 구조물의 무너짐에서 시작됩니다. 표정근의 이완, 얼굴뼈의 흡수, 지방의 소실과 하강. 이 세 가지 변화는 피부 아래의 기초 설계도를 조금씩 허물어뜨리고, 그 여파는 피부 위에 '꺼짐'과 '처짐'이라는 형태로 드러납니다.

### 1) 꺼짐형 주름

#### (1) 표정근의 힘이 빠질 때: 움직임은 남고, 끌어올림은 사라진다

우리 얼굴의 표정근은 하루에도 수백 번씩 웃고 찡그리며 피부를 움직입니다. 하지만 시간이 흐르면, 이 근육들은 점차 탄성을 잃고 이완되기 시작합니다. 한때는 피부를 위로 끌어올리던 근육이 이제는 중력의 방향으로 힘없이 늘어지고, 그 결과 입가의 팔자주름, 눈가의 잔주름은 고착되며 점점 더 깊어집니다. 이는 단순한 반복이 아니라, 리프팅력이 저하된 구조적 문제입니다.

#### (2) 얼굴뼈의 흡수: 지붕이 내려앉으면, 그 위의 구조도 무너진다

노화는 뼈조차 피해가지 않습니다. 광대뼈는 납작해지고, 눈 주변의 안와골은 넓어지며 움푹 들어가고, 턱뼈는 작아지며 아래로 꺼집니다. 이러한 골격의 위축은 얼굴의 볼륨을 지탱하던 '건축물의 기둥'이 무너지는 것과 같습니다. 특히 눈 밑 구조의 약화는 눈물고랑을 깊게 만들고, 광대와 턱 라인의 흡수는 얼굴 윤곽을 흐릿하게 만들어 피부를 지탱할 기반 자체를 약화시킵니다.

#### (3) 지방의 소실과 하강: 사라지거나, 아래로 떨어지는 얼굴의 볼륨

젊은 얼굴을 부드럽고 생기 있게 보이게 해주는 건 바로 피부 속 지방입니다. 하지만 나이가 들수록 이 지방은 얇아지고, 위치도 바뀝니다. 광대 위에 있던 지방은 아래로 내려오며, 입가 주름을 깊게 만들고 턱 아래에 쌓이면서 이중턱을 형성하거나 페이스라인을 무너뜨립니다. 이처럼 지방은 줄어드는 동시에 무게중심이 아래로 이동하며, 얼굴의 입체적 윤곽을 점점 평면화시키고 맙니다.

### 2) 꺼짐형 주름, 막을 수 있을까?

얼굴 구조를 지키는 다섯 가지 실천 전략

#### (1) 표정근 스트레칭 & 리프팅 운동

"입꼬리를 귀에 건다"는 이미지를 상상하며 입꼬리를 올리는 운동은 광대 근육을 자극하고 얼굴 중안부를 리프팅하는 효과가 있습니다. 하루 10초씩 5회, 이것만으로도 인상은 바뀔 수 있습니다.

#### (2) 콜라겐 & 엘라스틴 생성 유도 스킨케어

비타민 C, 레티놀, 펩타이드 성분은 ECM 재생에 직접 관여하며, 피부를 '지탱'할 수 있는 복원력을 끌어올려 줍니다.

#### (3) 자외선 차단은 매일, 매순간

자외선은 콜라겐과 엘라스틴을 '조용히, 꾸준히' 분해시킵니다. SPF 30 이상, PA++ 이상의 차단제를 매일 사용하는 것이 주름 예방의 핵심입니다.

### (4) 수면 자세 교정

옆으로 자는 습관은 얼굴의 한쪽에 반복적으로 압박을 가해 주름을 고정시키는 원인이 됩니다. 등을 대고 자는 자세는 얼굴 좌우의 균형을 유지하고, 골격 압박을 줄이는 가장 쉬운 방법입니다.

### (5) 필요 시, 의료적 볼륨 복원도 고려

히알루론산 필러, 스킨부스터, 콜라겐 자극 주사 등은 골격과 지방의 소실로 꺼진 부위에 즉각적인 구조적 지원을 제공할 수 있습니다.

주름은 단순히 '피부의 문제'가 아닙니다. 그건 근육, 뼈, 지방이라는 얼굴의 '기초 설계도'가 남긴 시간의 흔적입니다. 우리가 해야 할 일은 단지 표면을 부드럽게 만드는 것이 아니라, 그 깊은 구조까지 이해하고 돌보는 것. 그것이야말로 진짜 안티에이징의 시작입니다.

## 2. 표정이 만드는 주름, 웃음 속 감춰진 흔적들

감정의 기록은 피부 위에 새겨진다.

거울 앞에 선 어느 날, 문득 이런 생각이 들지도 모릅니다.

"내가 이렇게 자주 웃었었나?"

"언제 이렇게 찡그리고 있었지?"

눈가에 잔잔하게 스며든 선들, 미간을 가르는 음영들. 이것은 단지

'노화' 때문만은 아닙니다. 우리가 하루하루 무심코 짓고 넘긴 표정들이, 말없이 피부 위에 쌓아 올린 감정의 역사이자 삶의 흔적입니다. '까마귀발자국'이라 불리는 눈가 주름, 깊은 생각 끝에 새겨진 미간의 선, 스마트폰을 보며 고개를 숙일 때마다 남겨지는 목 주름까지. 피부는 우리가 지나온 감정의 순간까지 고스란히 기억합니다.

표정 주름은 나쁜 것이 아닙니다. 오히려 살아온 시간을 담은 자연스러운 기록이죠. 그러나 그 선이 너무 깊어지고, 얼굴의 인상마저 흐려지기 시작한다면, 우리는 다시 묻게 됩니다.

"지금, 나는 내 얼굴을 제대로 돌보고 있는가?"

이 장에서는 단순한 뷰티 팁이 아닌, '피부 속 근육과 주름의 생리학적 원리'를 이해하고, 하루 5분, 얼굴과 대화를 나누는 루틴을 제안합니다. 주름을 미워하지 마세요. 대신, 이해하고 관리하세요.

### 1) 표정 주름, 어떻게 생길까?

우리 얼굴에는 40개가 넘는 표정근이 존재하며, 이 근육들이 매 순간 미세하게 움직이며 감정을 표현합니다. 하지만 이 반복이 쌓이면, 그 미세한 움직임 하나하나가 피부의 깊은 곳에 '굴곡의 기억'을 남깁니다.

표정근의 과사용과 피부 탄력의 저하가 만나 점차 선명해지고 고착화되는 것, 그것이 바로 '표정 주름'입니다.

### 2) 주름 부위별 전략: 당신의 표정은 어디에 머물고 있나요?

#### (1) 이마 주름: 감정이 지나간 수평의 길

이마를 가로지르는 주름은 대부분 '전두근'의 흔적입니다. 놀람, 집

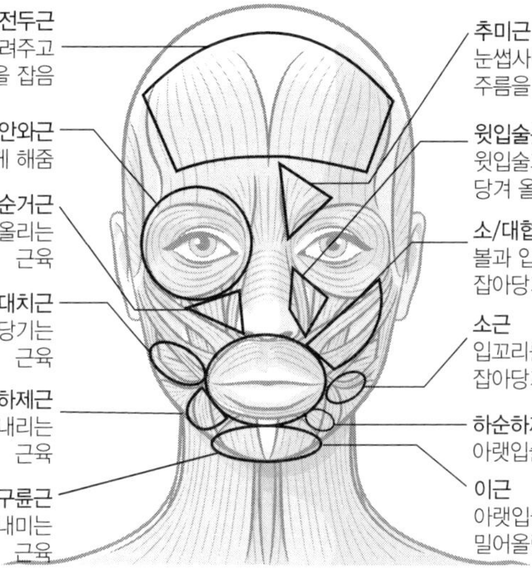


**근육과 주름의 관계**

| 주름 유형 | 원인 | 관련 근육 | 현상 |
|---|---|---|---|
| 이마 주름 | 자주 눈썹을 올리는 습관, 자외선 노출 | 전두근 | 이마에 수평 주름이 생기며, 시간이 지나면서 깊어질 수 있음 |
| 미간 주름 | 찡그리는 습관, 스트레스 | 추미근, 비근근 | 미간에 수직 주름이 형성되며, 자주 인상을 쓰는 경우 더욱 깊어짐 |
| 눈가 주름 (까마귀 발자국) | 웃는 습관, 자외선으로 인한 피부 탄성 저하 | 안륜근 | 눈꼬리 주위에 방사형 주름이 생기며, 까마귀 발자국 모양으로 나타남 |
| 팔자 주름 | 광대 아래 근육과 볼살 처짐, 반복적인 웃는 표정 | 대관골근 소관골근, 상순거근 | 코 양옆에서 입가로 이어지는 깊은 주름이 생겨 나이가 들어 보이는 인상을 줌 |
| 인디언 주름 | 볼살 처짐, 광대뼈 부위의 표정 근육 사용 | 대관골근, 소관골근 | 코 양옆에서 입가로 이어지는 깊은 주름이 생겨 나이가 들어 보이는 인상을 줌 |
| 눈 밑 주름 | 눈 깜빡임, 수분 부족, 자외선 | 안륜근 | 얇은 주름이 눈 밑에 형성되며 다크서클과 함께 피부가 칙칙해질 수 있음 |
| 턱 주름 (마리오네트 주름) | 턱 아래 피부와 근육의 탄력 저하 | 구륜근, 하순거근 | 턱선이 불분명해지면서 피부가 늘어지고 주름이 고착됨 |
| 목 주름 | 자주 목을 구부리는 습관, 자외선 노출 | 광경근 | 목에 수평 주름이 형성되며, 시간이 지나면서 깊어지고 두드러짐 |

중, 당황 등 눈썹을 치켜올리는 감정이 반복될수록 수평 주름은 더 깊게 새겨집니다.

이마 주름 루틴

- **눈썹 고정 운동**: 눈썹 위에 검지와 중지를 가볍게 얹고, 눈썹을 위로 올리는 힘을 스스로 제어합니다.
- **이마 밀어올리기**: 손바닥으로 이마를 천천히 위로 쓸어주며, 10초간 유지 → 풀기 반복
- **스킨케어 팁**: 고보습 크림과 자외선 차단제를 이마에도 매일 사용하세요.

### (2) 눈가 주름: 웃음의 반짝임 뒤에 남겨진 별무리

눈을 감싸는 '안륜근'은 웃음과 울음을 모두 담아냅니다. 그러나 피부가 얇은 눈가는 자외선, 건조, 감정 표현에 가장 먼저 반응합니다.

눈가 주름 루틴

- **눈꼬리 당기기 운동**: 눈꼬리를 바깥쪽으로 부드럽게 당긴 채 눈을 감습니다. 안륜근의 과긴장을 완화시켜 줍니다.
- **눈가 원형 마사지**: 눈 아래에서 눈썹 위까지 링을 그리듯 부드럽게 롤링하세요. 림프 순환에 효과적입니다.
- **스킨케어 팁**: 항산화 성분(비타민 C, 레스베라트롤 등)이 함유된 아이크림 사용

### (3) 팔자 주름: 웃음이 남긴 길, 중력의 방향을 따라 흐르다

팔자 주름은 단지 나이 때문이 아닙니다. 볼살이 내려오면서 생기

는 볼륨 이동과 반복적인 말·표정 습관이 이 선을 점점 선명하게 각인시킵니다.

팔자 주름 루틴

- **'오 → 아' 발성 스트레칭**: 입술을 '오' 모양으로 모았다가 '아' 하며 최대한 넓게 엽니다. 10회 반복
- **주름 밀어내기 마사지**: 양손 검지·중지로 주름 라인을 바깥쪽으로 부드럽게 지압
- **스킨케어 팁**: 아데노신, 펩타이드 등 리프팅 성분이 함유된 제품을 꾸준히 사용

### (4) 인디언 주름: 광대 아래 드리운 세월의 그림자

광대 아래에 생기는 인디언 주름은 단순한 피부 문제를 넘어서 얼굴 전체 골격과 볼륨이 무너지는 징조입니다.

스트레칭 & 관리법

- **광대 리프팅 스트레칭**: 양손으로 광대를 감싸고 위로 부드럽게 당긴 채 10초 유지
- **혀 밀기 운동**: 입 안에서 혀로 볼을 밀어내며 좌우 5회씩 반복
- **스킨케어 팁**: 고주파 마사지나 탄력 기기 활용 시 효과 배가

### (5) 목 주름: 고개 숙인 스마트폰의 흔적

목 주름은 현대인의 생활습관이 만든 '표정 없는 주름'입니다. 장시간 숙인 자세는 목 피부에 수평선을 반복적으로 각인시킵니다.

### 목 주름 루틴

- **턱 올리기 스트레칭**: 고개를 천천히 뒤로 젖히고, 턱을 위로 당기며 10초 유지
- **턱선 자극**: 주먹을 가볍게 쥐고 턱 아래를 두드려 근육 자극 유도
- **스킨케어 팁**: 전용 넥크림, 자외선 차단은 필수. 목도 얼굴입니다.

### 주름은 감정의 흔적이다.

주름은 단순히 나이의 표시가 아닙니다. 그건 우리가 살면서 얼마나 많이 웃었고, 얼마나 진지하게 고민했는지를 '피부가 기억한 감정의 지도'입니다. 하지만 그 흔적이 인상을 흐리게 하거나 삶의 생기를 앗아간다면, 우리는 그 지도를 다시 디자인할 수 있습니다.

매일의 표정, 매일의 루틴, 그리고 작은 습관. 그것이 시간 앞에서도 당당한 얼굴을 만드는 진짜 비결입니다.

## 3. 피부의 노화에 의한 주름

### "당신의 얼굴엔 시간이 새긴 지도가 있다"

우리는 거울을 보며 나이를 가늠합니다. 그 안에 비친 주름은 단지 숫자가 아니라, 피부 깊숙이 각인된 세포의 기억이며, 몸속 생물학적 시계가 보내는 정직한 메시지입니다. 놀라운 사실은 주름은 피부 겉이 아닌 속에서부터 조용히 시작된다는 것. 눈에 보이기 전, 피부는 이미 오랜 시간 탄력, 수분, 재생 리듬을 잃어가고 있었던 겁니다.

이 장에서는 그 보이지 않는 흐름을 따라 주름이 어떻게 생기고, 어떻게 늦출 수 있는지 과학적으로, 그리고 실천적으로 풀어보겠습니다.

### 노화의 두 얼굴: 내인성과 외인성

피부는 하나지만, 노화는 둘입니다. 하나는 유전자에 새겨진 시간표, 하나는 환경이 누르는 급가속 버튼. 이 두 얼굴이 교차하는 순간, 피부는 단단했던 자신감을 잃고, 탄력과 윤기, 균형을 서서히 놓아버립니다.

#### 1) 내인성 노화: 생물학이 설계한 피부의 시간표

**'자연스러운 늙어감'이 시작되는 내부 시계**

내인성 노화는 우리 몸에 미리 탑재된 생물학적 프로그램입니다. 멈출 순 없지만, 지연시키는 전략은 분명 존재합니다.

### 주요 메커니즘

- **텔로미어의 단축**: 세포의 수명을 조절하는 DNA 말단 '텔로미어'는 분열을 거듭할수록 짧아지고, 결국 세포 재생은 멈추게 됩니다.
- **호르몬 변화**: 특히 폐경기 이후 에스트로겐 감소는 콜라겐, 엘라스틴, 히알루론산 생성에 직접적인 영향을 미칩니다.
- **콜레스테롤·지질 감소**: 피부 장벽의 핵심 구성요소가 줄어들며 수분은 증발하고, 피부는 푸석하고 예민해집니다.
- **콜라겐·엘라스틴 퇴화**: 20대 후반부터 매년 콜라겐이 감소하고,

이미 존재하던 구조물은 탄성을 잃고 휘어집니다.

"마치 오래 쓴 스프링 매트리스처럼요."

- **히알루론산 소실**: 수천 배의 수분을 끌어당기던 '보습 자석' 히알루론산이 말라가면, 피부는 속부터 꺼지고 주름이 패입니다.
- **턴오버 지연**: 28일 주기의 세포 재생은 40~60일로 늘어나며, 피부 위엔 '묵은 각질'이 오래 머물고 안색은 칙칙해지고 탄력은 느슨해집니다.

**내인성 노화는 느리지만 정직하다.**

눈가·입가 등 얇고 자주 움직이는 부위부터 균일하고 얕은 잔주름이 드러나기 시작합니다.

### 2) 외인성 노화: 환경이 피부를 빠르게 늙게 만드는 방식

외인성 노화는 우리가 선택할 수 있는 영역입니다. 자외선, 대기오염, 스트레스, 흡연 등 외부 요인이 피부에 '급속 노화'를 선사합니다.

핵심 요인

- **자외선**(UV): UVA는 콜라겐과 엘라스틴을 파괴하고, UVB는 표피에 염증과 색소 침착을 유도합니다. 그 결과는 깊고 굵은 주름 + 기미 + 거친 피부 결로 이어집니다.
- **산화 스트레스**(ROS): 활성산소는 콜라겐을 무너뜨리는 MMP(-Metalloproteinase)를 활성화시키며, 피부를 탄력 없이, 칙칙하게, 예민하게 바꿉니다.

- **흡연과 생활 습관**: 흡연은 비타민 C 고갈 → 혈류 저하 → 탄력 저하, 수면 부족과 만성 스트레스는 재생을 방해하고 염증을 유도합니다.

**내인성 vs. 외인성: 피부의 시간과 환경이 남긴 흔적**

| 구분 | 내인성 노화 | 외인성 노화 |
|---|---|---|
| 원인 | 유전자, 세포 내 변화 | 자외선, 환경 오염, 생활 습관 |
| 진행 속도 | 느리고 지속적 | 빠르고 가속화될 수 있음 |
| 주요 현상 | 피부 얇아짐, 건조 증가, 깊은 주름 | 색소침착, 잔주름, 피부 처짐 |
| 통제 가능성 | 불가능(유전적 결정) | 가능(생활 습관 개선) |
| 주요 부위 | 눈가, 입가, 이마 | 얼굴 전체, 특히 자외선 노출 부위 |
| 주름의 형태 | 얕고 균일한 잔주름 | 깊고 불규칙한 주름 |

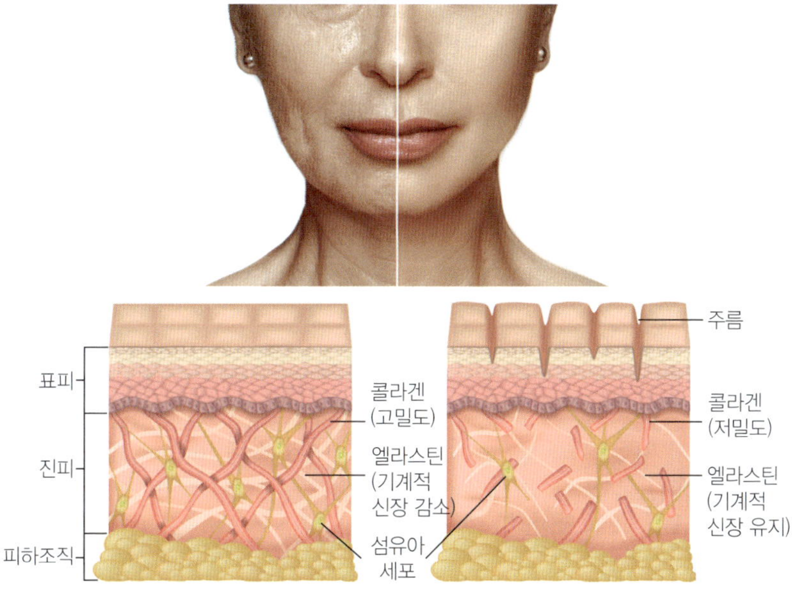


이 그림은 젊은 피부와 노화된 피부의 표피, 진피, 피하조직 구조를 비교한 것으로, 콜라겐과 엘라스틴 밀도 감소, 섬유아세포 기능 저하, 진피 구조의 느슨해짐이 주름 형성과 탄력 저하로 이어지는 과정을 시각화한 것이다.

외인성 노화는 갑작스럽고 공격적이다.

얼굴, 목, 손등처럼 자외선 노출이 많은 부위에 깊고 불규칙한 주름, 색소 침착, 피부 두꺼워짐으로 나타납니다.

### 3) 피부 노화의 '시간표'를 설계하는 방법

노화는 피할 수 없습니다. 하지만 그 속도는 우리가 선택할 수 있습니다.

#### (1) 내인성 노화를 늦추는 과학적 습관

① 항산화 스킨케어

레티놀, 비타민 C·E, 나이아신아마이드는 활성산소를 억제하고 콜라겐 생성을 유도합니다.

② 지질 보충과 수분 유지

히알루론산 + 세라마이드 = 피부 속 '수분 금고' 강화.

피부가 속부터 단단해집니다.

#### (2) 외인성 노화를 막는 일상의 방패

① 자외선 차단

SPF 30 이상, PA++ 이상을 매일, 실내외 가리지 말고 바르세요. 자외선은 '무형의 공격자'입니다.

② 항산화 식습관

블루베리, 녹차, 석류, 아보카도, 견과류 등 먹는 항산화는 피부에도 '방패막'을 세워줍니다.

③ 건강한 루틴이 최고의 안티에이징

8시간 숙면, 금연, 충분한 수분, 스트레스 관리. 좋은 피부는 기적이 아니라, 습관의 결과입니다.

피부는 과거의 기록이자, 미래의 선택지입니다. 노화는 '끝'이 아니라, 다시 설계할 수 있는 시작입니다. 지금 당신이 선택하는 한 방울의 세럼, 한 번의 자외선 차단, 한 접시의 건강한 식사는 미래의 피부에 '시간을 돌려주는 선물'이 되어 돌아올 것입니다.

## 4. 피부주름과 진피: 꺼지는 매트리스처럼, 피부 속 구조의 붕괴

우리가 '주름'을 이야기할 때, 흔히 표면에 그어진 선만을 떠올립니다. 하지만 진짜 주름은 그보다 훨씬 더 깊은 곳, 피부의 지하 구조인 진피(Dermis)에서부터 시작됩니다. 진피는 피부를 떠받치는 '보이지 않는 철골'입니다. 그 중심에는 콜라겐, 엘라스틴, 글리코사미노글리칸(GAGs), 프로테오글리칸 등으로 이루어진 세포외기질(ECM)이라는 설계도가 촘촘히 펼쳐져 있죠. 이 구조물들이 촘촘하게 연결되어 있을 때, 피부는 마치 갓 만든 매트리스처럼 탱탱하고 반듯합니다.

하지만 세월은 이 구조물의 연결고리를 조금씩 약하게 만듭니다. 자외선, 활성산소, 중력, 반복되는 표정, 건조한 환경… 그리고 무엇보다 시간이 ECM을 조금씩 분해하며, 결국 피부는 서서히 주저앉습니다. 어느 날 문득, 거울 속 깊어진 눈가와 팔자 주름은 그 붕괴의 자취를 우리에게 말없이 알려줍니다.

### 1) 진피의 설계도, ECM의 역할

ECM은 콜라겐이 구조를 지탱하고, 엘라스틴이 유연성을 유지하며, GAGs와 프로테오글리칸이 수분과 탄성을 조율하는 삼중 협업 구조입니다. 이들이 균형을 이루고 있을 때 피부는 매끈하게 빛나고, 손끝으로 눌러도 금세 원상복구되는 탄성을 가집니다. 반대로 이 균형이 무너지면 피부는 힘을 잃고, 지지력이 사라진 텐트처럼 천천히 주저앉습니다.

### 2) ECM의 주요 구성 요소와 역할

#### (1) 콜라겐: 다섯 얼굴을 가진 섬유의 마에스트로

콜라겐은 단지 하나의 단백질이 아닙니다. 그 안에는 각기 다른 기

**콜라겐의 다섯 가지 주요 타입과 기능**

| 콜라겐 종 | 분포 및 역할 |
|---|---|
| Collagen type Ⅰ | 피부 진피의 90%. 가장 단단하고 질긴 섬유. 피부의 '힘'과 '탄력'을 책임짐 |
| Collagen type Ⅱ | 연골의 주요 성분. 관절과 유사한 완충 작용. 피부와 관절의 이중 방어선 |
| Collagen type Ⅲ | 혈관과 자궁, 피부 등. 조직 재생 초기 단계에서 활약. 상처 회복의 응급팀 |
| Collagen type Ⅳ | 기저막의 핵심 성분. 세포 간 결합과 필터 역할. 표피 – 진피 연결고리. |
| Collagen type Ⅴ | 머리카락 주변, 태반, 세포 표면. ECM의 미세한 연결을 담당. 조직의 섬세한 설계자. |

능을 수행하는 다섯 가지 주요 타입이 존재하며, 마치 오케스트라처럼 피부와 몸 전체의 구조를 조율합니다.

Type I의 감소는 눈에 띄는 주름, 탄력 저하의 출발점입니다. 피부가 당기거나 쳐진다면, 그 뿌리는 Type I의 약화에 있습니다. Type III의 부족은 상처가 잘 낫지 않는 피부, 재생이 느린 피부의 특징과 연결되며, Type IV의 약화는 피부 장벽과 연결 구조의 불안정성을 초래해 민감성 피부로 이어질 수 있습니다.

① Type I: 피부 탄력의 기둥, 주름 예방의 핵심

- **분포**: 진피의 약 85% 이상, 힘줄, 뼈, 인대, 치아 상아질 등
- **역할**: 피부의 구조적 안정성과 탄탄한 텐션 유지
- **노화 관련성**: 나이가 들수록 가장 눈에 띄게 감소하며, 처짐과 깊은 주름의 직접적 원인

② Type II: 관절 속 완충재, 피부보다는 관절에 주력

- **분포**: 연골, 무릎 관절
- **역할**: 관절의 충격 흡수 및 마찰 완화
- **노화 관련성**: 피부보다는 관절 건강과 관련, 고령층 관절 기능 유지에 중요

③ Type III: 치유를 시작하는 응급 콜라겐

- **분포**: 혈관, 자궁, 피부 내 망상조직
- **역할**: 상처 회복의 초기 단계에서 등장, 조직 재생을 빠르게 도와줌

- **노화 관련성**: 피부 재생력이 떨어질수록 이 타입의 합성도 감소 → 회복이 느려짐

④ Type IV: 피부 장벽의 정교한 필터

- **분포**: 기저막, 모세혈관 내벽
- **역할**: 표피와 진피 사이의 연결망 유지, 외부 유해물질을 걸러내는 '생체 필터'
- **노화 관련성**: 기저막이 약해지며 표피와 진피의 결합력 저하 → 탄력 저하, 예민 피부 유발

⑤ Type V: 피부 조직을 붙잡아주는 보이지 않는 접착제

- **분포**: 세포 표면, 머리카락 주변, 태반
- **역할**: Type I, III과 함께 조직 간 연결을 강화
- **노화 관련성**: 섬유의 미세한 결속력이 약해지며 피부 결이 무너지고 늘어짐 발생

*"주름은 단지 선이 아니라, 구조가 무너졌다는 증거입니다."*

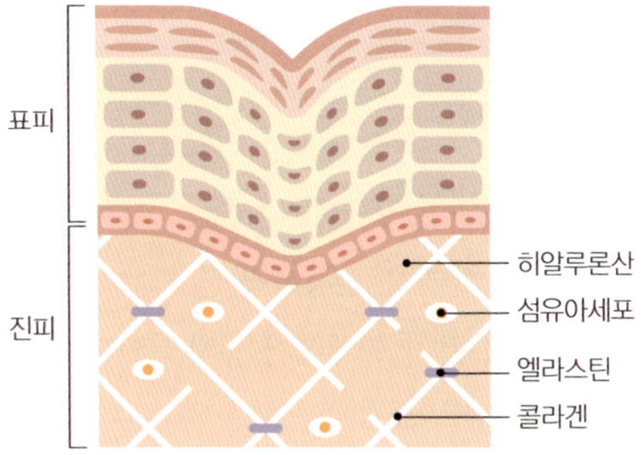

콜라겐의 언어를 이해할 때, 우리는 단순히 주름을 채우는 것이 아닌 피부를 다시 설계하는 법을 알게 됩니다. 주름을 줄이는 길은, 바로 피부를 지탱하는 이 다섯 콜라겐의 균형을 되찾는 것에서 시작됩니다.

### (2) 콜라겐과 피부 노화: 서서히 무너지는 피부의 철골 구조

**콜라겐은 시간이 흐르며 서서히, 그러나 확실하게 사라진다.**

콜라겐은 서서히, 그러나 확실하게 사라집니다. 그리고 그 빈자리는 주름이라는 이름으로 피부에 새겨집니다. 젊고 탱탱한 피부는 진피에 촘촘히 들어찬 콜라겐 덕분입니다. 특히 Type I과 Type III 콜라겐은 피부를 물리적으로 지탱하고 복원시키는 '골조' 역할을 합니다. 하지만 나이가 들면 섬유아세포의 합성 능력은 둔화되고, 콜라겐 분해는 활성산소와 MMPs에 의해 가속화됩니다. 마치 금이 간 콘크리트를 덧바를 시멘트가 없는 상황처럼, 피부는 구조를 잃고 점차 꺼지기 시작합니다. 이런 변화는 단순한 미용상의 문제가 아닙니다. 콜라겐의 감소는 피부라는 구조물이 붕괴되고 있다는 생물학적 신호입니다. 피부가 얇아지고 약해지면, 반복되는 표정·자외선·중력의 흔적이 그 위에 선명하게 남으며, 그것이 바로 '주름'입니다.

### (3) 과잉도 문제다: 켈로이드, 재생의 불균형

콜라겐은 부족해도 문제지만, 너무 많아도 문제가 됩니다. 상처가 진피 깊숙이 도달하면 피부는 본능적으로 이를 메우기 위해 콜라겐을 대량으로 생산하는데, 이때 과도하게 축적된 콜라겐이 정돈되지 못하고 '켈로이드'라는 비정상적인 흉터로 남게 됩니다. 이는 피부가 스스로를 치유하다가 과하게 복구해버린, 일종의 재생의 오류입니다.

콜라겐을 지키는 4가지 전략

- **자외선 차단**: UVA는 콜라겐 분해 효소(MMPs)를 활성화합니다. SPF 30 이상, PA++ 이상의 차단제는 콜라겐 보호의 1차 방어선입니다.
- **항산화 관리**: 활성산소는 콜라겐의 최대 적입니다. 비타민 C·E, 폴리페놀 같은 항산화 성분은 콜라겐을 지키는 '화학적 방패'입니다.
- **콜라겐 합성 유도 스킨케어**: 펩타이드, 레티놀, 비타민 C 유도체는 섬유아세포를 자극해 콜라겐 생성을 촉진합니다.
- **영양과 수면**: 단백질과 아미노산, 항산화 영양소가 충분히 공급되고, 깊은 수면이 확보되어야 콜라겐 합성은 최대화됩니다.

결론은 간단합니다. 콜라겐은 외부에서 보충하는 것이 아니라, 피부가 스스로 만들어내는 환경을 만들어주는 것이 핵심입니다. 콜라겐을 회복시키는 가장 강력한 도구는 '습관'입니다. 오늘의 작은 선택이 내일의 피부 구조를 지탱합니다.

### 3) 콜라겐의 역할: 피부 속 보이지 않는 건축가

우리가 흔히 말하는 '피부 탄력', 그 정체는 바로 콜라겐입니다. 몸 전체 단백질의 약 30%, 피부 진피 내 ECM의 70% 이상을 차지하는 이 단백질은 피부를 단단하게 붙잡고 있는 생체 뼈대입니다.

콜라겐은 언제 호출될까요? 상처가 났을 때, 자극으로 조직이 손상됐을 때, 혹은 단순히 나이가 들어 탄성이 줄어들었을 때. 이때 피부 속 '현장 복구팀'인 섬유아세포가 깨어나고, EGF, TGF-β, PDGF 등의 성장인자가 신호를 보내 콜라겐 합성을 시작합니다. 콜라겐은 그 자체로 주름 예방, 구조 유지, 상처 회복, 탄력 복원의 핵심 작용자입니다. 하지만 많은 이들이 콜라겐을 단지 화장품 성분으로만 이해합니다. 콜라겐은 피부 표면에 바르는 기능성 원료를 넘어, 피부 내부에서 자가 생성되고, 유지되며, 스스로 복구되는 '피부 구조의 조율자'입니다.

### (1) 콜라겐이 소환되는 순간

콜라겐은 피부가 위기를 느낄 때마다 현장에 투입됩니다.

- **상처가 났을 때**: 진피층의 결손을 메우기 위해
- **레이저나 필링 등 자극 후**: 손상된 ECM을 복구하기 위해
- **나이가 들며 탄력이 떨어질 때**: 구조 유지를 위해
- **자외선에 반복 노출될 때**: 손상 억제를 위한 방어 시스템 가동

이때 섬유아세포(Fibroblast)는 콜라겐 생산 공장으로 전환됩니다. 성장인자(EGF, TGF-β, PDGF 등)가 지휘봉을 들고, ECM 재건이 시작됩니다.

### (2) 콜라겐 생산: 피부 속 정밀 공정

콜라겐은 단순한 생합성의 결과물이 아닙니다. 마치 자동차를 조립하듯, 단계별로 정밀하게 조율되는 세포 내 제조 공정입니다.

① **핵**(Nucleus): mRNA가 콜라겐 생성 명령을 출력

② **조면소포체(RER)**: Procollagen 생성 → Hydroxylation, Glycosylation

③ **골지체**: 트로포콜라겐(Tropocollagen)으로 가공

④ **세포 외부**: 섬유 조립 → 진피에 탄력 구조 형성

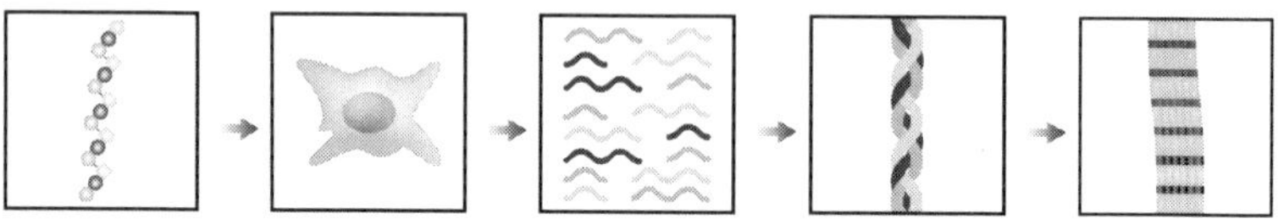


콜라겐은 아미노산, 펩타이드, 비타민 C 등의 공급이 있어야 이 모든 과정이 제대로 작동합니다. 이처럼 콜라겐은 피부 구조의 '철근'이자, ECM의 뼈대 그 자체입니다.

### (3) 콜라겐이 필요한 3가지 주요 순간

① **상처 회복**: 성장인자가 콜라겐 생성을 유도해 흉터를 최소화하고 빠른 재생 유도

② **노화로 인한 탄력 저하**: 줄기세포가 느려지면 PDGF, IGF가 콜라겐 생성을 자극. ECM을 복구시켜 피부의 힘을 되살림

③ **시술 후 재생기**: 필링, 레이저 시술 후 콜라겐 생성이 가속화되며 피부 두께와 탄력을 개선

### (4) 콜라겐은 '화장품 성분'이 아니라 '피부의 구조'

콜라겐을 단지 광고에서 나오는 미백·탄력 성분으로만 이해한다면

절반만 아는 것입니다. 콜라겐은 다음 네 가지 생리학적 기능을 수행합니다.

- **노화 지연**: 주름 생성 억제
- **구조 유지**: 진피-표피의 결속 강화
- **상처 회복**: 조직 복원 및 흉터 억제
- **탄력 유지**: 피부를 '지탱'하는 힘

콜라겐은 줄어들어도, 지나쳐도 문제가 됩니다. 우리가 해야 할 일은 외부에서 보충하려 애쓰기보다, 피부가 스스로 균형 있게 만들어 낼 수 있는 '환경'을 조성하는 것입니다. 그 환경은 당신의 매일 속에 있습니다.

### 4) 콜라겐 생합성: 피부 속 건축 공정의 정밀 설계

콜라겐은 피부가 매일 짓는 가장 정교한 구조물입니다. 그리고 그 설계도는 섬유아세포 속에서 조용히 펼쳐집니다.

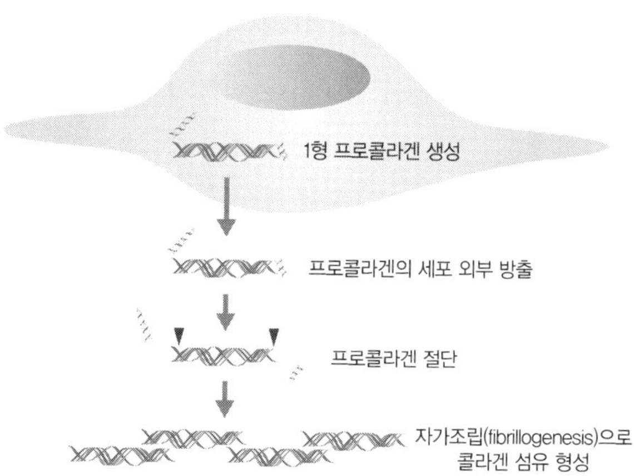

### Step 1. 아미노산 조립: 설계의 시작

글리신, 프롤린, 라이신이 기초재료가 됩니다. 하이드록실화 과정에서 이들은 하이드록시프롤린·하이드록시라이신으로 강화되고, 이때 비타민 C는 꼭 필요한 '공사 감독' 역할을 합니다. 부족하면 구조물은 허약해지고 괴혈병까지 초래할 수 있습니다.

- 프롤린 → 하이드록시프롤린
- 라이신 → 하이드록시라이신

### Step 2. 삼중 나선 구조: 콜라겐의 골조 세우기

보강된 아미노산은 프로콜라겐으로 조립되며, DNA처럼 나선형 구조를 갖습니다. 당질화가 더해지면 구조는 더 유연하고 견고해집니다.

### Step 3. 트로포콜라겐 생성: 세포 밖으로 이동

양쪽 끝이 절단되며 트로포콜라겐이 되어 세포 외부로 분비됩니다.

### Step 4. 자가 조립 & 교차결합: 콜라겐 섬유의 탄생

세포 외부에서 교차결합이 일어나며 피부의 탄성력, 즉 '반등하는 힘'이 생겨납니다.

### Step 5. 최종 완성: 피부를 떠받치는 철골 구조 완성

진피 속에 콜라겐 섬유가 촘촘히 자리 잡으며, 탱탱하고 탄탄한 피부의 물리적 기반이 완성됩니다. 하지만 나이가 들수록 이 공정은 느려지고, 효율도 떨어집니다. 이를 되살리는 방법은 단 하나, 피부가 다시 건축할 수 있는 조건을 갖추는 것입니다.

### 콜라겐 생합성 촉진법

- **비타민 C**: 하이드록실화 필수 보조 인자
- **펩타이드 & 레티놀**: 섬유아세포 자극
- **항산화제**: 기존 콜라겐의 산화 방지
- **MTS, RF, 마이크로니들링 등**: 물리적 자극으로 신생 유도

콜라겐 합성은 단지 피부의 '탄력 회복'이 아니라, 피부 전체 구조를 새로 짓는 리노베이션입니다. 그 시작은 아주 사소한 선택, 하루 한 번의 비타민 C 섭취, 한 번의 자외선 차단에서 비롯됩니다. 오늘 당신의 선택이 내일의 피부 구조를 설계합니다.

**핵심 과정 요약**

| 단계 | 설명 | 주요 요소 |
|---|---|---|
| 아미노산 조합 | 글리신, 프롤린, 라이신 조립 | 원료 |
| 하이드록실화 | 프롤린/라이신 → 하이드록시형으로 변환 | 비타민 C |
| 프로콜라겐 형성 | 삼중 나선 골격 형성 | 구조 강화 |
| 당질화 | 유연성과 기능성 향상 | 글루코스, 갈락토스 |
| 트로포콜라겐 생성 | 프로콜라겐 끝 절단 후 세포 외 분비 | |
| 교차결합 | 섬유 간 연결 강화 | 탄력 확보 |
| 콜라겐 섬유 완성 | 진피 내 탄성 구조물로 배치 | 피부 지지력 |

### 콜라겐 생합성 촉진법

- **비타민 C**: 하이드록실화 필수 보조 인자

- **펩타이드 & 레티놀**: 섬유아세포 자극
- **항산화제**: 기존 콜라겐의 산화 방지
- **MTS, RF, 마이크로니들링 등**: 물리적 자극으로 신생 유도

콜라겐 합성은 단지 피부의 '탄력 회복'이 아니라, 피부 전체 구조를 새로 짓는 리노베이션입니다. 그 시작은 아주 사소한 선택, 하루 한 번의 비타민 C 섭취, 한 번의 자외선 차단에서 비롯됩니다. 오늘 당신의 선택이 내일의 피부 구조를 설계합니다.

### 5) 탄력섬유: 피부 속 '보이지 않는 스프링'을 지키는 과학

한때는 미소 한 번에 말갛게 반응하던 내 얼굴. 요즘은 표정을 풀어도 피부가 따라오지 않습니다. 그 이유는 단순합니다. 피부 속의 '스프링', 즉 탄력섬유(Elastic Fibers)가 낡고 느슨해졌기 때문입니다.

#### (1) 탄력섬유란 무엇인가?

탄력섬유는 피부에 '탄성'을 부여하는 숨은 주역입니다. 우리가 미소 지을 때 피부가 부드럽게 늘어나고, 다시 원래의 형태로 돌아오는 모든 움직임은 이 섬유 덕분입니다.

이 복원력의 핵심은 두 가지 단백질의 조화에 있습니다.

- **엘라스틴(Elastin)**: 늘어났다가 돌아오는 '스프링' 역할
- **휘브릴린(Fibrillin)**: 그 스프링을 고정하는 '철제 프레임'

  휘브릴린이 약화되면, 엘라스틴은 제자리를 잃고 무기력한 선처럼 흩어집니다. 바로 이때, 피부는 예전처럼 돌아오는 힘을 잃기 시작합니다.

### (2) 탄력섬유의 성장 단계: 피부 속 건축 도면

탄력섬유는 단순한 선 하나가 아니라, 성장 단계에 따라 복잡하게 구성된 3단계 구조물입니다.

- **옥시탈란**(Oxytalan): 유두층에 위치한 초기 구조. 탄성은 없지만 피부세포에 산소와 영양을 공급하는 통로
- **에나울린**(Elaunin): 연성과 지지력을 제공하는 중간 단계
- **성숙한 탄력섬유**(Elastin fibers): 진피 깊은 곳에서 콜라겐과 함께 피부 복원력의 '토대' 역할을 수행

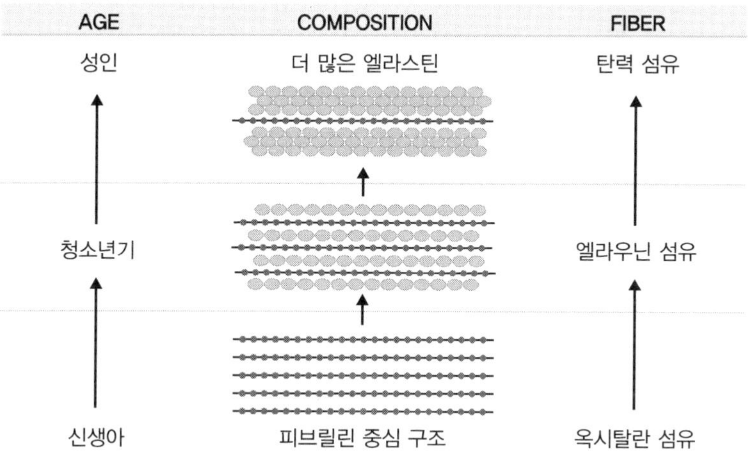


### (3) 탄력섬유는 어떻게 만들어질까?

콜라겐처럼 탄력섬유도 섬유아세포(fibroblast)라는 피부 속 '건축가'에 의해 정교하게 만들어집니다.

- **핵**(Nucleus): 엘라스틴 생성 명령인 mRNA 작성
- **조면소포체**(Rough ER): 트로포엘라스틴(tropoelastin) 생성

- **골지체**(Golgi): 포장 및 가공
- **세포 외부**: 휘브릴린과 결합 → '스프링' 형태 완성

이 정밀한 공정을 통해 피부 속 '보이지 않는 매트리스'가 세워지는 것입니다.

### (4) 탄력섬유와 노화: 끊어진 스프링의 시간

탄력섬유는 나이가 들수록 마모됩니다. 더 큰 문제는, 한 번 끊어진 스프링은 쉽게 복원되지 않는다는 사실입니다.

- **자외선**(UV): 탄력섬유의 교차결합을 무너뜨리고, 섬유들을 뭉개지게 합니다. 이것이 바로 '광노화'의 현미경적 정체입니다.
- **합성 저하**: 엘라스틴 생성 능력이 줄어들면서 피부는 새 스프링을 만들지 못하고, 낡은 구조만 남기게 됩니다.

탄성 저하 → 표정 주름, 중력 주름, 구조적 처짐으로 이어지는 악순환이 시작됩니다.

### (5) 탄력섬유를 지키는 실전 전략

피부 속 스프링을 건강하게 유지하는 건 단순한 보습을 넘어선 '피부 공학'입니다.

- **자외선 차단**(SPF 30 이상): UV에 의한 엘라스틴 파괴 방지
- **항산화 스킨케어**(비타민 C, E, 폴리페놀): 탄력섬유 산화 억제
- **프팅 성분**(레티놀, 펩타이드, EGF): 엘라스틴 합성 촉진 & 진피 회복

탄력섬유는 마치 피부 속에 숨겨진 미세 스프링 네트워크입니다. 보이지는 않지만, 느껴지는 것. 당신의 피부가 한때처럼 매끄럽게 돌아오지 않는다면, 지금 그 스프링에 다시 에너지를 공급해야 할 때입니다. 피부 노화는 단지 표면이 꺼지는 것이 아니라, 속에서부터 복원력을 잃는 과정입니다. 그 복원력을 되살리는 첫걸음은 '탄력섬유'의 부활입니다.

### 6) 진피의 기질 성분: GAGs와 프로테오글리칸

**피부 탄성의 무대 뒤편, 조용히 무너지는 보습과 구조의 설계자들**

피부의 주름은 결코 겉에서 시작되지 않습니다. 노화는 언제나 피부 깊은 곳, ECM(세포외기질)의 균열부터 시작됩니다. 특히 글리코사미노글리칸(GAGs)과 프로테오글리칸(Proteoglycans) 이 두 설계자의 소멸은 피부의 탄성 저하, 주름, 회복 지연의 도화선이 됩니다.

#### (1) GAGs: 피부 속 '수분 저수지', 사막 위의 오아시스

GAGs는 자신의 무게의 수백~1,000배에 달하는 수분을 저장할 수 있는 강력한 친수성 다당류입니다. 히알루론산(Hyaluronic Acid), 콘드로이틴 황산, 데르마탄 황산 등 형태는 다양하지만, 목적은 하나 피부를 촉촉하게 숨 쉬게 만드는 것입니다.

**GAGs가 줄어들면?**

노화로 인해 합성 속도는 느려지고 분해는 빨라집니다. 수분이 빠져나간 진피는 마치 바람 든 스펀지처럼 꺼지고, 그 위에 놓인 표피는 탄력을 잃고 주름지기 시작합니다.

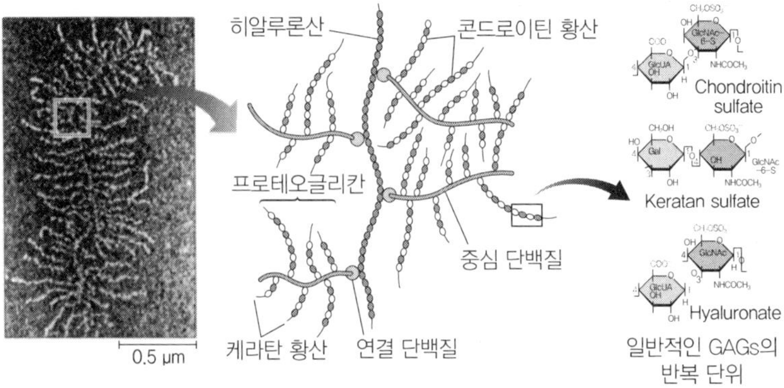


어른 진피에 있는 PGs/GAGs는 진피의 건조중량의 0.2%에 지나지 않으나 수분을 자신의 부피보다 1000배 함유할 수 있다.

| 구조 | 비유 | 기능 |
|---|---|---|
| 프로테오글리칸 | 스폰지 쿠션 | 탄성과 수분 저장 |
| GAG 사슬 | 젤리 안의 수분 자석 | 수분 흡착 및 저장 |
| ECM 내 위치 | 콜라겐·엘라스틴 사이 충전재 | 조직 밀도 유지 |

### (2) 히알루론산: 피부 속 보습의 슈퍼스타

히알루론산은 GAGs 중에서도 가장 잘 알려져 있으며, 피부 볼륨과 수분 유지를 동시에 책임지는 보습의 핵심 키플레이어입니다.

① 핵심 기능

- **수분 자석**: 진피 속에서 수천 개의 물 분자를 붙잡아두며 피부를 볼륨감 있게 유지
- **장벽 강화**: 외부 자극과 오염으로부터 피부를 보호
- **세포 신호 조절**: 재생, 염증 반응, 상처 치유에도 깊이 관여

② 노화와의 연관성

히알루론산은 노화로 가장 먼저 감소하는 성분 중 하나입니다. 그 결과, 피부는 메마르고 푸석해지며 탄력을 잃고, 깊은 주름이 자리하게 됩니다.

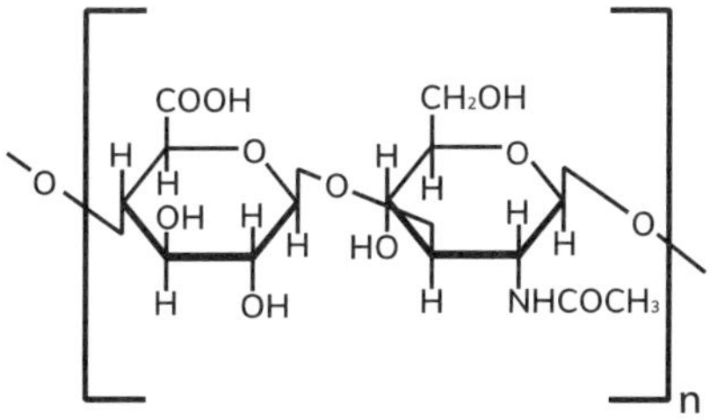


글루쿠론산 (D-glucuronic acid) N-아세틸글루코자민 (N-acetlygucosamine)

**히알루론산(hyaluronic acid)의 화학구조**

히알루론산은 그림과 같은 두 개의 당으로 이루어진 이당류가 반복적으로 연결된 형태이다. 반복하는 횟수가 수십번 내지 수천번까지 다양하며, 그 결과 길이도 다양해진다.

### (3) 프로테오글리칸: 피부를 지지하는 '생체 거푸집'

GAGs가 수분을 저장하는 스펀지라면, 프로테오글리칸은 그 스펀지를 지지하는 구조적 프레임입니다. 단백질 코어에 GAGs가 결합된 다발 구조는 ECM 안정성과 세포 간 신호 조절에 핵심 역할을 합니다.

① 주요 기능 성분

- 신데칸(Syndecan): ECM과 세포를 연결하고 면역 반응 조절
- 데코린(Decorin): 콜라겐 섬유를 정렬시켜 조직 안정화
- 퍼리칸(Perlecan): 기저막 구조 형성과 상처 회복 지원

② 노화로 인한 변화

- 합성 속도 감소 → ECM 구조 약화
- 피부 탄성 저하 → 깊은 주름, 처짐, 회복 지연

### (4) GAGs & 프로테오글리칸 붕괴가 피부에 미치는 영향

- **보습력 저하**: 피부 속 수분이 빠져나가 각질층이 푸석해지고 가려움 유발
- **탄력 소실**: 진피 구조물이 줄어 표피를 지지하지 못함 → 중력에 의해 처짐 발생
- **재생력 저하**: 상처 회복이 느려지고, 만성 염증이나 색소침착으로 이어짐

① 대표 GAG와 그 짝꿍 단백질들

- **히알루론산**(Hyaluronic Acid)

  → 혼자서도 당당한 수분 마그넷

  대부분의 GAG는 단백질과 결합하지만, 히알루론산만은 독립적으로 존재. 그 자체로도 **자신의 무게의 1,000배에 달하는 수분을 끌어당기며**, 피부를 탱탱하게 유지하는 핵심 보습 분자
- **콘드로이틴 황산**(Chondroitin Sulfate) + **아그리칸**(Aggrecan)

  → 연골 조직의 쿠션

  이 조합은 특히 관절과 연골에서 뛰어난 충격 흡수 능력을 보이며, 피부의 내구성에도 기여
- **더마탄 황산**(Dermatan Sulfate) + **데코린**(Decorin)

  → 콜라겐 섬유의 배열 정리자

피부 속 콜라겐이 엉키지 않도록 도와주며, 상처 회복과 조직 안정에 중요한 역할

- **해파란 황산**(Heparan Sulfate) + **퍼리칸**(Perlecan)

  → 세포 간 소통의 브리지

  세포 간 신호 전달과 부착을 조절하며, 혈관 생성과 조직 복구 과정에서 중추적 역할

- **해파린**(Heparin) + **루미칸**(Lumican)

  → 혈액순환과 조직 투명성 유지

  항응고 작용으로 혈류 흐름을 조절하고, 각막이나 피부 조직의 탄성과 맑음을 유지

- **케라탄 황산**(Keratan Sulfate) + **루미칸**

  → 투명한 구조물의 수분 보호막

  각막, 연골 등에 존재하며 구조를 매끄럽게 유지하는 데 필수적

② 이들의 공통된 미션: 피부를 채우고, 버티고, 지켜내는 것

GAG와 코어 단백질의 짝은 진피 조직 사이를 채우며 수분을 저장하고, 외부 충격을 흡수하고, 조직이 쪼그라들거나 무너지지 않도록 버텨내는 **피부 속 쿠션 구조의 설계자**입니다. 그러나 이 정교한 조합도 노화 앞에서는 속수무책으로 GAG 자체가 줄어들기도 하지만, 이들이 코어 단백질과 결합하는 능력 역시 떨어집니다. 그 결과, 피부는 건조해지고, 얇아지고, 주름지고, 재생 속도는 늦어지게 됩니다.

피부가 단단하고 촉촉하다는 것은 단순히 '보습을 잘했기 때문'이 아니라 그 이면에는 수천 번의 반복된 화학 결합, 물리적 구조 조합, 그리고 수분을 지키기 위한 끊임없는 전투가 있었습니다. 피부가 메

말라가고 있다면, 그건 물이 부족해서가 아니라 '수분을 붙잡을 그릇'이 사라지고 있기 때문일지 모릅니다. 이제는 단순히 수분을 뿌리는 것이 아니라, 그 수분을 저장할 기반부터 다시 채워야 할 때입니다.

### (5) 설계자들을 다시 깨우는 3가지 전략

피부 속 구조의 균형을 되찾으려면, 이 설계자들을 위한 보충이 필요합니다.

① 스킨케어 전략

히알루론산이나 마린 프로테오글리칸이 함유된 제품

→ 진피의 수분-탄성 네트워크 회복에 효과적

② 식이요법

- **비타민 C, E**: 산화 스트레스 완화, 합성 촉진
- **오메가-3 지방산**: 염증 완화, 세포막 유연성 강화
- **아미노산**: GAGs와 프로테오글리칸의 구성 성분 제공

③ 메디컬 솔루션

히알루론산 필러, 프로테오글리칸 주사

→ 빠른 볼륨 회복과 진피 내 구조 보강

### 진짜 안티에이징은 피부 속, '설계도'를 지키는 일

GAGs와 프로테오글리칸은 단순한 '촉촉함'이나 '탱탱함'을 넘어서, 피부 구조 전체를 설계하고 유지하는 생체 엔지니어입니다. 겉으로 드러나는 주름, 푸석함, 처짐은 이들이 사라진 결과일 뿐. 우리가 해

야 할 일은, 이 설계자들을 다시 불러오는 것입니다.

안티에이징은 겉보다 깊은 곳에서 시작됩니다. 당신의 피부가 다시 생기를 찾을 수 있도록, 오늘부터 진피 속 '보이지 않는 설계도'를 다시 채워주세요.

### 7) 당화(Glycosylation)

**피부 재생을 설계하는 '당'의 과학**

우리는 '당' 하면 설탕을 먼저 떠올립니다. 하지만 피부 속 '당'은 단지 달콤함이 아니라, 회복과 노화, 탄력과 재생을 설계하는 생화학의 설계도입니다.

피부는 매일 자극을 견디며 스스로를 복구합니다.이 복잡하고도 정교한 재건 시스템의 중심에는 놀랍게도 '당화(Glycosylation)'라는 생명화학적 과정이 자리하고 있습니다.

#### (1) 당화란 무엇인가? 피부 세포의 보디가드이자 지휘관

당화(Glycosylation)는 단백질이나 지질, 심지어 DNA에 당 사슬(Glycan)을 붙여 기능을 변화시키는 생합성 과정입니다. 이때 생성된 글리코단백질과 글리코지질은 피부에 다음과 같은 역할을 수행합니다.

- **방어막 형성**: 세포막을 코팅해 외부 자극과 활성산소로부터 세포를 보호
- **세포 간 신호 조절**: 줄기세포와 섬유아세포 간의 커뮤니케이션 통로
- **구성 성분 생성의 '스위치'**: 콜라겐, 엘라스틴, 히알루론산 합성 유도

즉, 당화는 피부가 재생을 시작하도록 '명령'을 내리는 세포 간 신호의 언어입니다.

### (2) 노화가 찾아오면, 세포는 침묵한다

나이가 들면 피부 세포 간 소통이 느려지고, '글리칸'이라는 당 사슬이 감소합니다. 줄기세포는 재생 지시를 받지 못하고 섬유아세포는 ECM 생성 명령을 잃으며 피부는 스스로를 복구하지 못한 채 탄력을 잃고 주름이 깊어집니다. 즉, 노화는 세포 간 대화가 끊기며 시작되는 '생리학적 침묵'의 과정이기도 합니다.

### (3) 착한 당화 vs. 나쁜 당화: '글리코실화'와 '글리케이션'의 결정적 차이

| 구분 | 효소적 당화(Glycosylation) | 비효소적 당화(Glycation) |
|---|---|---|
| 기전 | 효소에 의해 정교하게 조절 | 혈당과 단백질이 반응으로 무작위 결합 |
| 역할 | 피부 재생, 탄력 유지, 신호전달 | AGE(최종당화산물) 생성→ 노화 가속 |
| 영향 | 성장인자 기능 향상, ECM 구성 촉진 | 단백질 기능 저하, 염증 유발, 색소 침착 증가 |

- **Glycosylation**: 피부 재생의 조율자, '좋은 당화'
- **Glycation**: 피부 탄력을 파괴하는 '노화의 불씨'

### (4) AGEs, 주름과 염증의 시한폭탄

AGEs(Advanced Glycation End Products)는 비효소적 당화로 인해 생성되는 독성 부산물입니다. 이들은 콜라겐을 딱딱하게 만들고, 엘라스틴을 수축시키며, 히알루론산의 보습력까지 무력화시킵니다.

- **탄력 저하**: ECM의 유연성이 사라짐
- **염증 유발**: 사이토카인 자극으로 민감한 피부 악화
- **색소 침착**: 염증 후 멜라닌 증가로 기미, 잡티 심화

AGEs는 단순한 노화가 아니라, 노화를 가속하는 독성 트리거입니다.

### (5) AGEs를 줄이는 3가지 전략: 피부 노화, 속도를 늦추는 과학적 습관

① 항산화 섭취 & 스킨케어

- **비타민 C, E, 폴리페놀**: ROS(활성산소) 억제 → AGEs 생성 차단
- **항산화 크림**: 피부 표면의 당화 반응 저지

② 혈당 관리 습관화

- 단순당 줄이고, 복합탄수화물 + 식이섬유 위주 식단
- 혈당 스파이크 억제 → 당화 반응 최소화

③ 혈당 관리 습관화

- 카르노신, 피크노제놀, 루테올린 등은 AGE 생성을 억제하는 차세대 안티글리케이션 성분
- 스킨케어 루틴에 포함하면 내외부에서 당화를 이중 차단

#### 당신의 설탕이 주름을 만든다?

콜라겐이 탄력을 잃은 이유가 단순한 노화 때문만은 아닐 수 있습니다. '설탕 한 스푼'이 콜라겐 한 가닥을 딱딱하게 만들고, '스킨케어를 무력화시키는 AGEs'를 만들고 있다는 사실.

피부 속 당은 당신의 피부 나이를 조절하는 생체 시간 조율자입니다. 효소적 당화는 피부를 되살리는 설계자, 비효소적 당화는 노화의 부식자입니다.

노화는 멈출 수 없어도, 설계는 바꿀 수 있다. 피부는 화장품의 거울이 아니라, 세포가 설계한 조직 건축물입니다. 그 안에서 당화는 설계의 언어이자 시간의 방향을 결정하는 신호 체계입니다. 당화의 균형을 바로 잡는 순간, 당신의 피부는 10년의 시간을 거슬러 올라갈 수 있습니다. 그리고 그 첫 걸음은 설탕을 줄이는 식사와 항산화 성분이 담긴 화장품 한 통일지도 모릅니다.

### 8) AGEs(Advanced Glycation End Products)

### 피부를 늙게 만드는 단맛의 그림자

"설탕 한 스푼, 주름 한 겹"

우리의 피부 속에서는 매일 보이지 않는 '당의 불꽃놀이'가 벌어집니다. 그저 단맛으로 여겨졌던 당이, 시간이 지나며 피부의 탄력을 조여오는 정교한 족쇄가 될 수 있다는 사실 혹시 알고 계셨나요? 이 노화의 숨은 공범이 바로 AGEs (Advanced Glycation End Products), 최종당화산물입니다.

#### (1) AGEs의 생성: 달콤한 유혹, 피부에 남긴 씁쓸한 결과

AGEs는 혈중 포도당이 콜라겐·엘라스틴 같은 피부 단백질과 비효소적으로 결합하며 만들어지는 물질입니다. 이 과정을 비효소적 당화(Glycation)라 부르며, 고혈당 상태일수록 이 반응은 폭발적으로 진행됩니다. 탄력 단백질은 굳어지고, 세포 신호 전달은 왜곡되며, 염증 유전자까지 자극되면서 피부는 '조용하지만 치명적인 노화 회로'에 빠져들게 됩니다.

### (2) AGEs가 미치는 영향: 콜라겐을 '탄성'에서 '경직'으로 바꾸다

AGEs는 마치 콜라겐 위에 '딱딱한 껍질'을 씌우는 것과 같습니다. 유연했던 콜라겐은 고무줄에서 철사로 바뀌고, 그 결과 피부는 다음과 같은 변화를 겪습니다.

- 주름이 깊어지고
- 탄력이 급격히 저하되며
- 복원력이 사라진 얼굴선

이것은 단지 피부의 미용 문제를 넘어서, AGEs가 심혈관 질환, 당뇨, 알츠하이머 등 전신 노화와도 연결되어 있다는 점에서 더욱 심각합니다.

### (3) 피부 속 AGEs의 작동 원리: 조용한 파괴자

AGEs는 콜라겐에 달라붙어 단백질 구조를 뒤틀고, 새로운 세포 생성과 조직 재생까지 방해합니다.

- 탄력망 붕괴
- 수분 유지력 저하
- 피부 재생력 감소

당화는 원래 생명 유지에 필요한 현상이지만, AGEs가 축적되는 순간, 피부는 급격히 노화합니다. 마치 연료가 넘쳐 불이 번지는 것처럼, 지나친 당은 피부를 서서히 태웁니다.

*"조절되지 않은 당화는 생명의 불꽃이 아닌, 피부를 태우는 화염이 된다."*

**(4) AGEs 억제를 위한 실전 전략**

피부는 단맛을 오래 기억합니다. 그렇기에 우리는 단맛을 줄여야 합니다. AGEs는 피할 수는 없어도, 충분히 느리게 만들고 줄일 수 있는 노화의 가속기입니다.

① 항산화 케어

- **비타민 C, E, 코엔자임 Q10**: ROS 제거 → AGEs 생성을 차단
- **항산화 크림**: 피부 표면에서 AGEs 형성 억제

③ 식습관 리셋

- 당류 줄이고 → 채소, 견과류, 항산화 과일 섭취
- 혈당 스파이크 방지 → 복합탄수화물 + 식이섬유 중심

④ 조리 습관 개선

- 튀김·구이 → 삶기·찌기
- 고온 조리는 AGEs를 '미리 만들어 넣는 일'임을 잊지 마세요.

피부를 늙게 하지 않는 식사 공식

**저당 + 저온 + 항산화 = AGE DOWN**

AGEs는 조용히 쌓이지만, 결코 사라지지 않습니다. 한번 형성되면 제거가 어려워, 예방이 곧 최선의 전략입니다. 지금 당신의 스킨케어 루틴이 아무리 정교해도, '혈당 조절 없는 뷰티 전략은 반쪽짜리'일 수 있습니다.

**피부는 달콤함을 기억하고, 주름으로 응답한다.**

콜라겐을 딱딱하게 만들고, 히알루론산을 무력화하며 피부의 탄력을 뿌리부터 무너뜨리는 AGEs. 이제는 미백도, 탄력도, 보습도 'AGEs 관리'를 중심으로 다시 설계해야 합니다. 피부를 늙게 하는 건 시간만이 아닙니다. 때로는 식탁 위의 '달콤한 한 입'이 당신의 피부 나이를 10년 앞당깁니다. 당신의 피부가 탱탱하게 빛나는 내일을 원한다면, 오늘부터 AGEs와의 거리를 조금씩 좁혀야 할 때입니다.

### 9) MMP: 재건과 붕괴 사이, 피부 안의 양날의 검

*"무너뜨려야 다시 지을 수 있다. 하지만, 통제되지 않은 철거는 붕괴일 뿐이다."*

피부는 매일 자신을 재생합니다. 세포외기질(ECM)은 마치 도시처럼 낡은 구조를 허물고 새로운 틀을 세우며, 그 현장에서 작동하는 철거 엔지니어, 그것이 바로 MMP(MatrixMetalloproteinases)입니다.

이 효소들은 콜라겐, 엘라스틴, 프로테오글리칸 등 구조 단백질을 절단하며 피부 재생의 출발점을 마련하지만, 문제는 '제어'입니다. 제어되지 않은 MMP는 피부를 보호하는 철골을 무너뜨리는 노화의 도급업자가 되어버립니다.

### (1) MMP의 종류와 타깃: 분해는 정교하게 진행된다

MMP는 종류에 따라 서로 다른 ECM 성분을 분해하며, 아래의 조합이 특히 피부 노화에 핵심적으로 관여합니다.

| MMP 종류 | 주요 타깃 | 기능 | 피부에 미치는 영향 |
|---|---|---|---|
| MMP-1 | Type I, III 콜라겐 | 콜라겐 삼중 나선 절단 | 주름 유발, 피부 구조 약화 |
| MMP-2, MMP-9 | 젤라틴화된 콜라겐, Type IV, V | 기저막 및 ECM 유연화 | 진피 유연성 저하, 광노화 가속 |
| MMP-3 | Type III, IV 콜라겐, 피브로넥틴 | ECM 전체 분해 | 탄성 약화, ECM 전체 구조 분해 |
| MMP-12 | 엘라스틴 | 탄력섬유 분해 | 피부 복원력 붕괴, 처짐 가속화 |

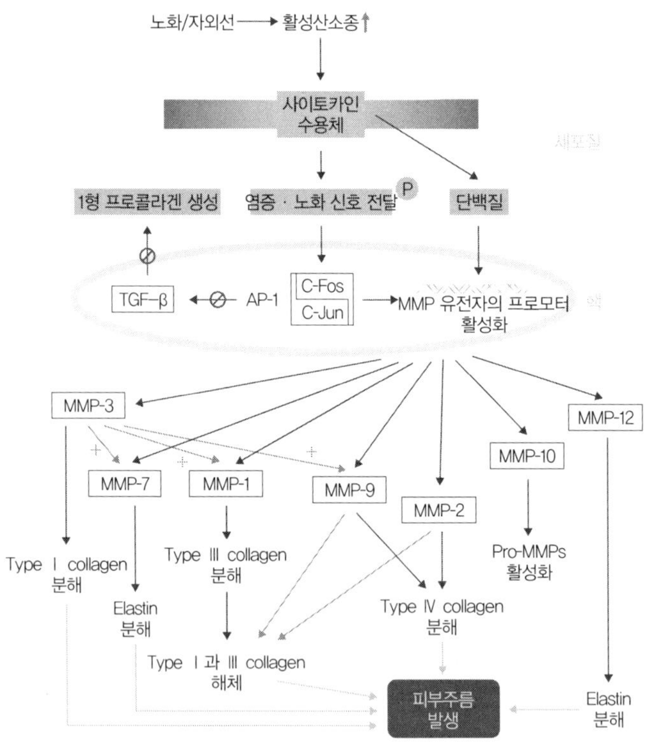


피부의 주름 생성 메커니즘

### (2) MMP는 언제 필요한가? 그리고 언제 위험한가?

① 필요할 때

피부가 상처를 입거나 손상되었을 때, MMP는 낡은 ECM을 분해하고 새 세포의 자리를 만들어주는 필수적인 조력자입니다. 마치 철거 없이 재건이 불가능한 건축처럼, MMP 없이는 회복도 없습니다.

② 위험할 때

노화, 자외선, 염증, 활성산소(ROS)가 MMP를 과도하게 활성화시키면 문제는 시작됩니다. 피부는 스스로를 무너뜨리는 상태에 빠지고, 주름, 처짐, 거칠음, 색소 침착이 동시에 발생합니다.

### (3) 콜라겐 분해 3단계: 피부 구조가 무너지는 순서

① MMP-1: Type I 콜라겐을 1/4 & 3/4 조각으로 절단 → 주름의 시작점

② MMP-2/9: 절단된 콜라겐을 젤라틴화 → 진피의 뼈대 약화

③ MMP-3: ECM 내 여러 구성 요소까지 파괴 → 피부 탄성 붕괴, 재구성 공간 소진

### (4) MMP vs. TIMP: 균형을 잃는 순간, 노화는 시작된다

MMP의 활동은 TIMP(Tissue Inhibitor of Metalloproteinases)라는 브레이크가 조절합니다. 하지만 노화가 시작되면 TIMP는 감소하고, MMP는 마치 브레이크 없는 중장비처럼 폭주합니다. 그 결과는 피부 구조 붕괴, 콜라겐 급감, 엘라스틴 파괴, 탄력 저하와 깊은 주름으로 이어지게 됩니다.

*"노화는 MMP와 TIMP의 균형이 깨진 순간부터 시작된다."*

### (5) 피부 노화의 현장, MMP의 흔적

- 콜라겐 감소 → 깊은 주름
- 엘라스틴 감소 → 탄력 붕괴, 피부 처짐
- ECM 파괴 → 표면 거칠어짐, 색소 침착
- 광노화 → 자외선 노출로 인한 구조적 붕괴 가속

### (6) MMP를 조절하는 4가지 전략

재생은 설계로, 노화는 전략으로 관리된다.

① 항산화 케어

- **비타민 C, E, 폴리페놀**: ROS 제거 → MMP 활성 억제
- **스킨케어 예시**: 항산화 앰플, 비타민 크림, 저자극 진정 마스크

② 자외선 차단 습관화

- SPF 30 이상의 자외선 차단제를 매일 반복적으로 사용
- 자외선은 MMP를 유도하는 '무음의 유도탄'입니다.

③ 항염 성분 활용

- **병풀, 알란토인, 마데카소사이드**: 염증 유전자 억제 → MMP 활성 진정

④ TIMP 유도 성분 도입

- 펩타이드, 레티놀, 성장인자: ECM 복원과 함께 TIMP의 발현 유도

- 레티노이드 계열은 MMP/TIMP의 균형을 회복하는 대표적 성분

피부 속에선 지금도 MMP의 철거 공사가 진행 중입니다. MMP는 반드시 필요하지만, 반드시 관리되어야 합니다. 구조를 허무는가? 회복을 위한 공간을 여는가? 이 갈림길에서 MMP와 TIMP의 균형이 결정권을 쥐고 있습니다.

*"노화는 단순한 현상이 아니라, 균형의 붕괴다."*

MMP의 과도한 활동은 피부를 침묵 속에서 무너뜨립니다. 피부에 콜라겐을 바르기 전에, 먼저 MMP를 제어할 방법을 찾아야 합니다.

### 10) TIMP: 피부 속의 조용한 수호자, 노화를 지연시키는 균형의 열쇠

*"탄력은 무너지는 것이 아니라, 지켜지지 않는 것이다."*

우리는 주름의 원인을 말할 때 흔히 *MMP(Matrix Metalloproteinases)를 떠올립니다. 콜라겐과 엘라스틴을 분해하는 효소, 피부 탄력 붕괴의 주범이자 구조 해체의 중심. 하지만 그 반대편에서 묵묵히 MMP의 칼날을 제어하는 단백질, 바로 TIMP(Tissue Inhibitor of Metalloproteinases)가 존재합니다. TIMP는 조용하지만, 피부 구조 유지의 핵심 조율자입니다. 마치 드러나지 않지만 무대를 밝히는 조명처럼, 피부의 균형을 설계합니다.

#### (1) TIMP의 주요 역할: 피부의 조율자이자 안전관리자

- **ECM 보호자**: TIMP는 MMP와 결합하여 그 활동을 제어하고, 콜

라겐·엘라스틴·프로테오글리칸 같은 ECM 성분의 과도한 분해를 차단합니다.

- **주름을 늦추는 조정자**: MMP는 원래 회복을 위한 효소지만, 제어 없이 활성화되면 탄력을 무너뜨립니다. TIMP는 이를 막아 피부의 복원력과 구조적 탄성을 유지하게 해줍니다.
- **회복의 감독관**: 상처가 나거나 시술로 자극을 받은 후, TIMP는 MMP의 활동을 적절히 조절해 새로운 ECM이 건강하게 자리 잡도록 유도합니다.
- **염증과 암세포 침투 억제자**: TIMP는 과도한 ECM 분해로 인한 염증성 사이토카인 분비를 억제하며, 암세포의 침투와 확산도 견제하는 역할을 합니다. 단순한 피부 미용을 넘어 생명 방어막의 일부입니다.

### (2) TIMP의 종류와 주요 기능

- **TIMP-1**: MMP−1을 억제, Type I/III 콜라겐 보호 → 잔주름과 깊은 주름 예방
- **TIMP-2**: MMP−2 억제, 기저막 안정화 → 피부 구조 유지
- **TIMP-3**: MMP−3/9 억제, 진피 탄성 유지 → 깊은 주름 완화
- **TIMP-4**: 심장·근육 등 특수 조직에서 작용 → 전신 조직 보호

### (3) 노화의 균형 붕괴: MMP는 증가하고, TIMP는 감소한다

시간이 지날수록, 자외선과 활성산소, 염증 반응은 MMP의 발현을 증가시키고, 동시에 TIMP의 생성은 억제됩니다. 이때 피부는 자신을 보호할 수 없는 상태로 빠져들며, 노화의 전면전이 시작됩니다.

- **콜라겐·엘라스틴 파괴 가속화**
  - 피부 두께 감소 → 꺼짐형 주름 증가
  - 복원력 약화 → 구조적 탄성 손실

*"무너지는 건 피부가 아니라, 그 피부를 지켜주던 균형이다."*

### (4) 자외선: TIMP를 억누르는 보이지 않는 적

자외선은 단지 색소침착만을 유발하는 게 아닙니다. MMP의 활성을 유도하고, TIMP의 생성을 억제함으로써 피부 속 균형의 저울을 무너뜨립니다. 햇빛은 피부 노화를 촉진하는 동시에, 복구 시스템의 브레이크를 망가뜨리는 복합적 가해자입니다.

### (5) MMP-TIMP 균형을 바로잡는 안티에이징 전략

- **자외선 차단은 구조 보존의 첫 걸음**: 매일 SPF 30 이상 자차를 사용하세요. 탄력은 색이 아닌 '구조'를 지키는 데서 시작됩니다.
- **항산화 스킨케어로 ROS 억제 + TIMP 유지**: 비타민 C, E, 폴리페놀 등 항산화제는 MMP 활성화를 억제하고, TIMP 발현을 촉진합니다.
- **레티놀·펩타이드로 콜라겐 합성 유도 + 균형 복구**: 이 성분들은 ECM 재구성과 함께 TIMP의 분비를 유도해, 피부 구조의 복원 리듬을 회복시킵니다.

## 진짜 주인공은 소리 없이 균형을 지키는 자

노화는 결국 '조용한 무너짐'입니다. 우리가 보지 못하는 사이, MMP와 TIMP의 균형이 기울고, 피부는 탄성을 잃고 주름이 새겨집니다. 그러니 기억하세요. 콜라겐을 바르기 전에, 그 콜라겐이 무너지지 않도록 지키는 자를 먼저 생각해야 합니다.

*"진짜 안티에이징은 '추가'보다 '제어'다."*

피부는 무너지지 않게 지켜주는 조율자, TIMP와 함께 설계해야 합니다.

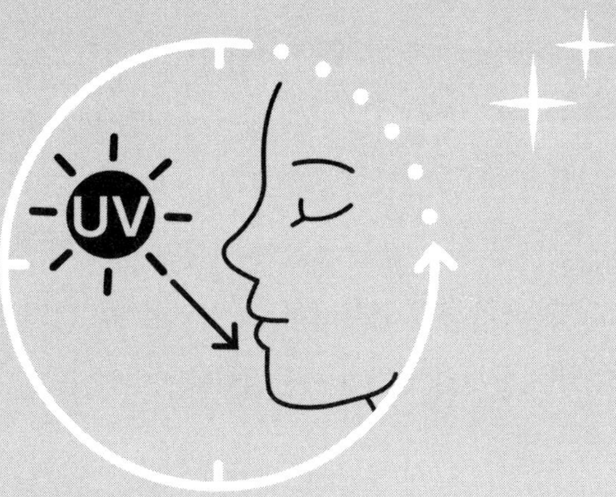


# 4장

# 피부노화와 자외선

## 보이지 않는 적의 습격

### 햇살 뒤에 숨어 있는 피부의 비밀 전쟁

맑고 화창한 날, 따뜻한 햇살 아래에서 우리는 평화롭고 여유로운 일상을 즐깁니다. 좋아하는 카페에서 커피를 마시고, 산책을 하고, 일광욕을 하며 기분 좋은 시간을 보내죠. 하지만 그 아름다운 햇빛의 이면에는 눈에 보이지 않는 조용한 전쟁이 매 순간 펼쳐지고 있습니다. 바로 자외선(UV)과 블루라이트, 적외선(IR), 그리고 생활 속에서 발생하는 열자극과의 치열한 싸움입니다.

### 자외선(UV): 피부 노화를 이끄는 지휘자

자외선은 단순한 햇빛이 아닙니다. 피부 노화를 이끄는 '보이지 않는 지휘자'입니다. UVA는 피부 깊숙한 진피층까지 침투하여 콜라겐과 엘라스틴을 파괴해 깊은 주름과 탄력 저하를 일으킵니다. UVB는 피부 표면인 표피층에 직접적 손상을 입혀 화상을 일으키고 멜라닌을 과잉 생성시켜 기미, 주근깨 같은 색소침착을 남깁니다. UVC는 다행히 오존층에서 대부분 차단되지만, 최근 환경 변화로 인해 우리에게 위협적으로 다가오고 있습니다. 매일 조금씩, 그러나 꾸준히 축적되는 자외선의 영향은 결국 어느 날 갑자기 피부를 무너뜨리는 큰 힘으로 돌아옵니다.

### 블루라이트와 적외선(IR): 피부 노화를 촉진하는 숨은 조력자들

우리가 매일 들여다보는 스마트폰, 태블릿, 노트북 화면에서 방출되는 블루라이트는 자외선 못지않게 피부 속 깊은 곳에서 활성을 띠는 산소, 즉 활성산소(ROS)를 만들어냅니다. 이 ROS는 피부를 노화시키는 주범으로 작용해 피부의 탄력을 무너뜨립니다. 적외선(IR)은 피부 속 온도를 높이는 열자극을 통해 진피에 염증 반응을 일으킵니다. 이 염증은 콜라겐의 생산 능력을 저하시켜, 피부가 조금씩 더 얇아지고 처지게 만듭니다. 특히 여름철 뜨거운 날씨 속 열자극은 피부 수분을 빠르게 증발시켜 피부를 건조하고 푸석푸석하게 만듭니다.

### 피부 속 숨겨진 전쟁: 콜라겐 vs. MMP

피부가 자외선에 노출되면 가장 먼저 반응하는 것이 바로 활성산소(ROS)입니다. 이 ROS는 MMP(기질금속단백분해효소)라는 효소를 활성화시키는데, 이 효소는 피부의 기둥 역할을 하는 콜라겐과 엘라스틴을 직접적으로 분해합니다.

이 과정은 마치 건물의 지지대가 서서히 무너지는 것과 같습니다. 처음엔 눈치채기 어렵지만, 어느 날 거울 앞에서 갑자기 "피부가 처졌다"거나, "탄력이 급격히 떨어졌다"는 느낌으로 찾아옵니다.

### 멜라닌: 피부의 보호자이자 흔적을 남기는 예술가

피부는 자외선이라는 위협 앞에서 스스로를 보호하기 위해 '멜라닌'을 생산합니다. 멜라닌은 피부 깊숙한 곳으로 침투하는 자외선을 막기 위한 보호 장벽 역할을 하지만, 과잉 생산되면 피부 위에 기미와 잡티, 주근깨 같은 색소 침착으로 남아 오랜 흔적을 남기게 됩니다. 즉, 멜라닌은 피부를 보호하는 동시에 피부 노화의 명백한 흔적을 남기는 양날의 검과 같습니다.

**이 장에서 다룰 핵심 내용**

- UVA, UVB, UVC의 파장별 피부 침투 깊이와 노화 작용
- 블루라이트, 적외선, 열자극으로 인한 피부 손상 메커니즘
- MMP 활성화와 콜라겐 파괴 과정의 이해
- 멜라닌 합성의 이중성(보호 vs. 색소침착)
- 광노화를 방지하는 효과적인 스킨케어 전략

햇살은 따뜻하지만, 피부에겐 결코 친절하지 않습니다. 피부 속에선 매 순간 보이지 않는 전쟁이 벌어지고 있고, 그 전쟁에서 이기기 위해서는 피부 깊은 곳의 변화를 이해하는 것이 가장 먼저입니다.

이제부터, 햇살 뒤에서 펼쳐지는 피부의 숨겨진 전쟁을 제대로 이해하고, 그 전쟁에서 이길 수 있는 전략을 함께 찾아 나갑시다. 피부는 매일 전쟁을 벌이지만, 이 책을 읽는 당신은 반드시 이길 것입니다.

## 1. 광노화: 태양빛 아래 펼쳐지는 피부의 시계

*"햇빛은 따뜻하지만, 그 기억은 피부에 상처로 남는다."*

피부는 기억하는 장기입니다. 햇살이 스친 순간의 따뜻함도, 그 아래에서 시작된 눈에 보이지 않는 손상도 모두 고스란히 기억합니다. 광노화(Photoaging)는 바로 그 빛의 기억이 남긴 시간의 흔적입니다. 기미, 주근깨, 주름, 탄력 저하 등 우리가 피부 노화를 체감하는 많은 순간들 뒤에는 '빛'이라는 가해자가 존재합니다. 그 중에서도 자외선

(UV)은 피부 노화의 가장 은밀하고, 가장 집요한 속도를 가속하는 요인입니다.

### 1) 자외선 삼총사: UVA, UVB, 그리고 UVC

자외선은 파장에 따라 세 가지로 나뉩니다.

- UVC(200~280nm): 오존층에서 대부분 차단되어 피부에 도달하지 않음
- UVB(280~320nm): 표피에 영향을 주며 화상, 염증, 멜라닌 증가 유도
- UVA(320~400nm): 진피까지 도달하여 광노화의 핵심 요인

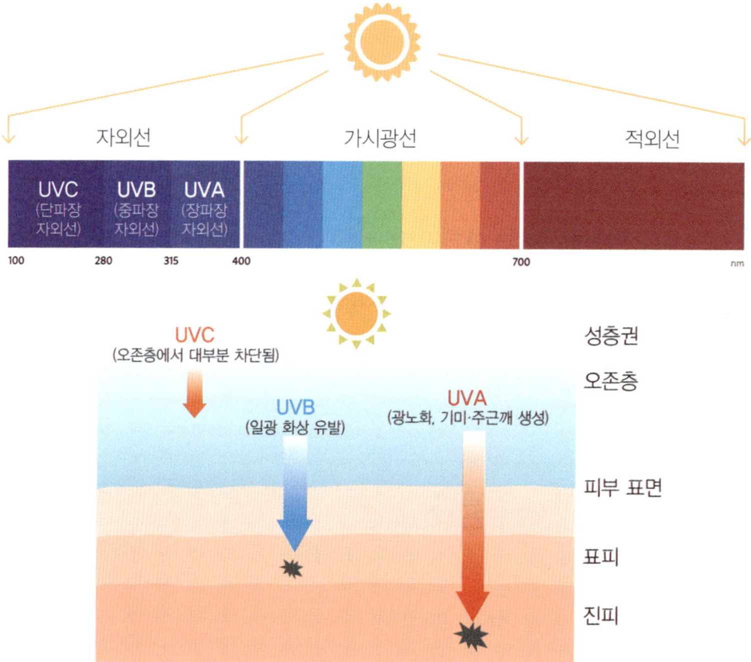


자외선의 피부 침투와 영향

이 중 가장 주의해야 할 것은 UVA, 바로 '생활 자외선'입니다. 커튼을 뚫고 들어오는 빛, 자동차 유리창 너머의 햇살 속에도 존재하며, 피부 깊은 곳까지 파고들어 탄력과 구조를 무너뜨립니다.

### (1) UVA: 햇살 속의 조용한 파괴자

UVA는 피부의 진피까지 도달해, 겉으로는 보이지 않는 구조적 노화를 유발합니다. 당장 화끈거리지는 않지만, 매일 반복 노출되면 서서히 피부를 약화시키는 무형의 공격자입니다.

#### UVA가 만드는 변화들

① 활성산소종(ROS): 피부 속 미세 폭탄

UVA는 피부 내 활성산소(ROS)를 유발하고, 이는 세포막·단백질·DNA를 산화시킵니다. 그 결과 피부는 탄력을 잃고, 색이 바래며 주름이 깊어집니다.

② MMP 활성화: ECM 파괴의 시작

ROS는 MMP(Matrix Metalloproteinases)를 활성화시켜 콜라겐·엘라스틴을 분해합니다. 피부는 '지지대 없는 텐트'처럼 주저앉고, 구조적 붕괴가 노화로 이어집니다.

③ 색소침착: 피부에 남는 태양의 점

UVA는 멜라닌세포를 과도하게 자극하여 기미, 주근깨, 잡티를 남깁니다. 피부톤이 고르지 않아지고 칙칙해지는 것도 그 때문입니다.

④ DNA 손상: 눈에 보이지 않는 침묵의 파괴

직접적인 손상은 적지만, ROS를 통해 간접적으로 DNA의 변형과 세포 재생 리듬을 망가뜨리며, 피부암의 리스크까지 높입니다.

UVA는 오늘 피부에 스며들고, 내일의 얼굴을 바꿔놓습니다.

**UVA 차단과 PA 등급: 햇빛에도 늙지 않는 피부를 위하여**

피부 노화는 나이가 아니라 '빛'에서 시작된다고 할 수도 있습니다. 특히, UVA는 조용히, 하지만 깊숙이 피부를 관통하며 진피 속 콜라겐과 엘라스틴을 무너뜨립니다. 그 결과로 눈가에는 잔주름이 생기고, 턱선은 늘어지고, 피부는 탄력이 없어집니다.

눈에 띄지 않게 피부를 늙게 만드는 광선은 마치 느린 독처럼 매일 우리의 얼굴에 스며들게 되는데 이 UVA로부터 피부를 지켜주는 지표가 바로 **PA 등급**입니다.

**즉, SPF가 자외선 B(UVB)에 대한 보호막이라면, PA는 자외선 A(UVA)에 맞선 당신 피부의 방패**

**1. PA 등급은 어떻게 측정될까?**

이 PA 등급은 'PPD(Persistent Pigment Darkening) 테스트'라는 조금 특별한 실험을 통해 측정됩니다. 이 테스트는 간단히 말해, **UVA를 쬔 후 피부에 얼마나 오래 색소침착이 남는지를 확인하는 과정**입니다.

- 색소침착이 오래 남을수록 보호 효과는 낮다.
- 침착이 거의 없거나 빨리 사라지면, 그만큼 자외선 A를 잘 막아냈다는 뜻이다.

이렇게 얻어진 **PPD 수치**는 다음과 같이 '+' 기호로 표현됩니다.

| PA 등급 | PPD 수치 | 설명 |
|---|---|---|
| PA+ | 2~4 | UVA 보호 효과 낮음 |
| PA++ | 4~8 | UVA 보호 중간 |
| PA+++ | 8~16 | UVA 보호 강함 |
| PA++++ | 16 이상 | UVA 보호 매우 강함 |

**2. PA+, PA++++… 그 '플러스' 하나가 만드는 차이**

많은 사람들이 선크림에서 SPF **수치만 확인하고 PA는 놓칩니다.** 하지만 SPF는 단기적인 화상을 막아줄 뿐, UVA가 **초래하는 '장기적 노화'에는 PA 등급이 핵심입니다.**

- PA+: 짧은 외출 정도. 햇빛이 강한 날엔 다소 부족하다.
- PA++: 가벼운 일상에 적절하지만 장시간 외출 시엔 보호가 약하다.
- PA+++: 골프, 야외 운동처럼 햇빛을 오래 받는 활동에 권장된다.
- PA++++: 여름철 여행, 바캉스, 등산 등 **햇빛 속에서 하루 종일 보내는 경우 필수.**

**"그냥 외출인데 괜찮겠지?"라고 생각하는 순간, 당신의 피부는 UVA에 조용히 무너지고 있을지도 모릅니다.**

자외선 차단제를 고를 때에는 SPF와 PA 두 가지 모두 확인하여야 합니다.

- SPF: 즉각적인 화상을 막는 기능(UVB 차단)
- PA: 장기적인 노화를 막는 기능(UVA 차단)

피부의 '현재'를 지키는 SPF, 피부의 '미래'를 지키는 PA. 두 가지 모두 갖춰져야 완전한 보호가 가능합니다. 자외선은 오늘 피부를 태우고, 내일의 얼굴을 늙게 만듭니다. 그렇기에 자외선 차단은 **노화 예방의 첫 단계**, 아니 어쩌면 가장 중요한 전략일 수도 있습니다.

**당신의 피부가 '빛에 강한 사람'이 되도록, 그 작은 + 하나에 담긴 과학을 기억하세요. PA++++, 그것은 당신의 피부 시간을 되돌리는 가장 현실적인 방법입니다.**

### (2) UVB: 짧지만 강렬한 화살, 표피의 직접 타격자

여름의 화끈한 태양, 그 강렬한 열감의 중심에는 UVB가 있습니다. 짧은 파장이지만 강력한 에너지를 가진 UVB는 피부 표면을 넘어 세포 유전자를 직접 공격합니다.

### UVB가 남기는 흔적들

① DNA 변형: 피부암의 씨앗을 심다

CPD(Cyclobutane Pyrimidine Dimer)라는 돌연변이성 결합을 유발해 유전자 오류를 일으킵니다. 기저세포암, 편평세포암 등 비흑색종 피부암의 주요 원인입니다.

② 홍반과 화상: 피부의 비상경보

붉어지고 따가운 홍반은 단순한 열기가 아닌, 세포 손상에 대한 피부의 염증 반응입니다. 반복되면 만성 염증 → 조직 붕괴 → 노화로 이어집니다.

③ 면역 억제: 피부의 방어력 상실

UVB는 랑게르한스 세포를 감소시켜, 면역 시스템을 교란시킵니다. 그 결과 감염과 피부암 위험이 모두 증가합니다.

④ 색소침착: 태양이 남긴 불균형의 흔적

과도한 멜라닌 분비가 조절되지 못하면 기미·잡티가 피부에 새겨집니다. 태양은 밝지만, 피부에는 그림자를 남깁니다.

## (3) 자외선 차단: 가장 확실한 안티에이징 전략

SPF vs. PA: 무엇을 지켜주나?

| 지표 | 보호 대상 | 의미 |
|---|---|---|
| SPF | UVB 차단 | 화상, 염증, DNA 손상 방지 |
| PA | UVA 차단 | 광노화, 탄력 저하, 색소침착예방 |

SPF는 현재의 피부를 지키고, PA는 미래의 얼굴을 지킵니다.

- **PA+** : 짧은 외출
- **PA++** : 일상적인 활동
- **PA+++** : 장시간 야외 노출
- **PA++++** : 여름, 해변, 등산 필수!

하나의 차이, 10년 후 당신의 피부를 바꿀 수 있습니다.

① 자외선은 오늘의 햇살, 내일의 주름

자외선은 단순한 자연 요소가 아닙니다. 콜라겐을 녹이고, DNA를 흔들며, 피부를 하루하루 낡게 만드는 진짜 노화 인자입니다. 하지만 자외선 차단은 피부과학이 선물한 가장 과학적이고 효율적인 방패입니다.

② SPF 30 이상 + PA+++ 이상

그 하나의 습관이 미래의 얼굴을 설계하는 최고의 전략이 될 수 있습니다.

*"햇살은 순간이지만, 그 자국은 평생 남는다."*

오늘의 자외선 차단이, 내일의 피부 시간을 지켜냅니다.

**SPF와 자외선 차단, 태양 아래 피부의 방어막**

자외선 차단제의 숫자 –SPF 30, 50, 100– 우리는 익숙하지만, 그 이면의 과학은 생각보다 더 정교합니다. 피부가 태양 아래에서 보내는 모든 시간은 '빛의 칼날'과의 싸움입니다. 그 싸움을 이겨내기 위한 우리의 무기, 바로 SPF입니다.

**1) SPF란 무엇인가: 숫자에 숨겨진 보호 시간의 공식**

SPF(Sun Protection Factor)는 '얼마나 오래 태양으로부터 안전할 수 있느냐'

를 수치로 보여주는 지표입니다. 보다 정확히 말하면, 홍반(자외선에 의한 피부 발적)이 나타나기까지의 시간을 몇 배로 늘릴 수 있는지를 나타냅니다.

**SPF = 자외선에 노출되어도 홍반이 생기지 않는 시간 ÷ 무방비 상태의 노출 시간**

예를 들어, 자외선에 노출된 지 10분 만에 피부가 붉어지는 사람이라면, SPF 30 제품을 사용했을 때 10분 × 30 = 300분, 즉 5시간 동안 태양으로부터 피부를 보호할 수 있다는 뜻입니다.

**2) SPF와 UVB 차단률: 숫자가 커질수록 완벽할까?**

많은 이들이 'SPF가 높을수록 무조건 좋다'고 생각합니다.
하지만 과연 그럴까요?

- SPF 15 → 약 93% UVB 차단
- SPF 30 → 약 97% 차단
- SPF 50 → 약 98% 차단

즉, SPF 50 이상에서는 차단율 증가가 점점 둔화됩니다. 높은 SPF 수치는 여전히 유효하지만, 그 수치만 믿고 무한정 노출되는 것은 위험할 수 있습니다.

**3) 차단 지속 시간 계산법**

내 피부의 기본 자외선 노출 시간이 10분이라면, SPF를 곱한 값이 최대 보호 시간입니다.

- SPF 30 × 10분 = 약 300분(5시간)
- SPF 50 × 10분 = 약 500분(8시간 20분)

⚠ 하지만 주의하세요! 이 시간은 이론상의 최대치일 뿐입니다. 땀, 마찰, 세안, 물놀이 등으로 실제 효과는 크게 감소할 수 있습니다.

**4) 실제 사용 시 반드시 기억할 것**

- 2시간마다 재도포가 기본: 마찰, 땀, 물로 인해 SPF 효과는 쉽게 줄어듭니다.
- 워터프루프라도 방심은 금물: 수영 후엔 반드시 다시 발라야 합니다.
- 얼굴뿐 아니라 목, 귀, 손등 등 자주 노출되는 부위도 꼼꼼하게 발라야 합

니다. SPF는 피부를 지키는 방패지만, 그 방패는 제대로 들어야 효과를 발휘합니다.

**5) 오존층과 UVC 노출: 새로운 위협의 등장**
과거 UVC는 오존층에 의해 완전히 차단되어 인간의 피부에는 거의 닿지 않았습니다. 하지만 지금은 다릅니다. 지구온난화, 공해, 프레온가스의 영향으로 오존층이 얇아지면서, 과거에 존재하지 않았던 UVC의 직접 노출 가능성이 증가하고 있습니다.

**위험성**

- UVC는 DNA를 직접 파괴해 돌연변이를 유발할 수 있습니다.
- 이는 악성 피부암(흑색종)의 주요 원인으로 작용합니다.

**숫자를 이해하는 것, 피부를 지키는 첫 걸음**
SPF는 단지 마케팅 숫자가 아닙니다. 피부를 태양으로부터 지키는 시간의 방패입니다. 하지만 그 방패를 제대로 들지 못하면, 아무리 높은 SPF라도 피부는 상처 입습니다.

**제대로 알고, 정확히 바르고, 꾸준히 관리하기.**
빛 아래서도 건강한 피부를 유지하는 당신만의 셀프 방어 루틴이 되어야 합니다.

## 2) UVC와 피부 노화

### 오존층 붕괴 시대의 UVC 리스크

태양은 지구에 생명을 주는 존재이자, 피부에 '시간'을 새겨 넣는 조용한 조각가입니다. 그 중에서도 UVC는 자외선의 가장 날카로운 창 끝. 오랫동안 우리는 이 빛을 두려워할 필요가 없었습니다. 왜냐하면 지구엔 오존층이라는 방패가 있었으니까요. 하지만 지금 그 방패에 금이 가기 시작했습니다. 보이지 않던 적이 피부에 닿고 있습니다.

### (1) 가장 짧고, 가장 강력한 빛

UVC(100~280nm)는 자외선 중 가장 짧은 파장, 가장 강한 에너지를 갖고 있습니다. 과거에는 오존층이 이를 100% 차단해줬기 때문에, 지표면에 도달할 일이 없었습니다. 하지만 지금은 다릅니다. 오존층이 약해진 지금, UVC는 현실적인 위협이 되었습니다.

**피부에 미치는 영향**

- DNA 직접 손상 → 돌연변이 유발, 피부암의 원인(특히 흑색종)
- 산화 스트레스 유발 → 콜라겐 ·엘라스틴 변형, 피부 노화 가속
- 의료용 살균기·산업용 램프·UV 살균 장치 등 → 일상 속에서도 UVC 노출 가능성이 높아지고 있습니다.

### (2) 오존층 붕괴는 피부 장벽의 붕괴로 이어진다

- 오존 구멍 확대
- 도시 대기 오염, 온실가스 상승

UVC 노출은 더 이상 극지방이나 특수 환경만의 문제가 아닙니다. 지구 환경의 변화가 곧 우리의 피부 환경을 바꾸고 있습니다.

### (3) 피부노화는 더 이상 '나이'의 문제가 아니다

이제 노화는 환경적 문제입니다. 우리가 숨 쉬는 공기, 무심코 받는 빛, 일상 속 기기의 광선까지 모두 피부에 '시간'을 새깁니다.

### 3) 적외선(IR)과 피부 노화: 열의 유혹, 그리고 보이지 않는 늙음의 그림자

우리는 보통 '빛'이 피부를 늙게 만든다고 생각하지만, 더 은밀하게, 더 조용하게 피부를 늙게 만드는 것이 있습니다. 그것은 바로, 열입니다. 적외선(IR)은 햇빛의 50% 이상을 차지하고 있으며, 피부 깊숙한 곳까지 침투해 열노화(thermal aging)라는 새로운 노화 경로를 만듭니다.

#### (1) IR−A(760~1400nm): 깊은 진피까지 침투하는 이중적 열

- **장점**: 혈류 증가, 콜라겐 생성 자극 → 일시적 탄력 효과
  의료용 회복 치료에도 사용됨
- **위험**: HSPs(히트쇼크 단백질) 과발현 → 콜라겐·엘라스틴 분해 →
  탄력 저하, 주름 심화, 처짐 가속화

IR−A는 양날의 검입니다. 회복도 유도하지만, 노화도 가속할 수 있습니다. 홈케어 기기 사용 시 노출 시간을 꼭 체크하세요.

#### (2) IR−B(1400~3000nm): 피부 표면을 데우는 '보습과 건조의 경계'

- **장점**: 표피 온도 상승 → 보습제 흡수율 증가 → 염증 완화, 리듬 회복에 도움
- **위험**: 과열 시 건조 유발, 염증 악화

IR−B 기반 디바이스(LED 마스크 등)는 진정 스킨케어와 병행하세요.

### (3) IR-C(3000nm~1mm): 표피에만 머무는 열, 무시할 수 없는 변화

IR-C는 피부 깊숙이 도달하지는 않지만, 표피에 지속적으로 열을 가하면 피부 겉면의 **수분이 증발**하게 됩니다.

- **장점**: 디톡스, 땀 배출, 혈액순환 개선(예: 원적외선 사우나)
- **위험**: 피부 겉면 수분 증발 → 장벽 손상, 민감성 증가

## 4) 블루라이트와 피부 노화

우리의 일상은 언제나 '화면' 위에 있습니다. 스마트폰, 모니터, LED 조명 등 편리한 빛들 속에는 피부에 끊임없는 자극을 주는 블루라이트(400~500nm)가 숨어 있습니다.

### (1) ROS 생성: 디지털 노화의 첫 시작

블루라이트는 활성산소종(ROS)를 유발하여 세포막, DNA, 단백질을 공격하며 피부를 산화시킵니다. 스마트폰 한 시간이 피부에 '미세한 산화 폭탄'을 떨어뜨릴 수 있습니다.

### (2) 색소침착 유도: 조용한 기미와 잡티

멜라닌세포 과자극 → 기미, 잡티, 색소성 염증 유도

*"자외선 때문만이 아니라, 스크린 속 빛 때문일 수도 있습니다."*

### (3) MMPs 자극 → 콜라겐 분해

블루라이트는 진피에 있는 콜라겐과 엘라스틴을 직접 공격하진 않지만, MMPs(콜라겐 분해 효소)를 자극해 결국 피부의 구조를 무너뜨립니다.

**블루라이트 차단이 필요한 이유**

| 전략 | 내용 |
|---|---|
| 항산화 케어 | 비타민 C·E, 폴리페놀 등으로 ROS 억제 |
| HEV 차단 기능 확인<br>자외선 차단제 + 블루 | 라이트 차단 스킨케어 |
| 생활습관 개선 | 야간 모드, 블루라이트 차단 필름 사용 |

화면은 밝지만, 그 안에는 노화의 스위치가 숨어 있습니다.

### 새로운 시대의 피부 방어전

자외선, 적외선, 블루라이트, 그리고 UVC 우리가 마주하는 모든 빛은 피부의 시간에 흔적을 남깁니다. 노화는 더 이상 단지 '세월'의 결과가 아닙니다. 그건 우리가 매일 마주한 빛, 열, 환경의 총합입니다.

*"빛은 피부를 비추지만, 때로는 시간을 새긴다."*

지금 이 순간, 당신의 피부는 어떤 '빛' 속에 있나요?

## 2. 열노화(Thermal Aging): 피부는 왜 열을 싫어할까?

한여름 오후, 햇볕 아래 10분만 서 있어도 얼굴이 붉게 달아오릅니다. 겉으론 단순한 열감처럼 느껴지지만, 피부는 그 순간 보이지 않는 노화의 스위치를 켭니다. 피부는 '열'을 견디도록 설계된 기관이 아닙니다. 진피층의 단백질 구조는 열에 민감하게 반응하고, 온도가 39~41℃ 이상 올라가면 콜라겐은 변성되고, 엘라스틴은 경직되며,

MMP(Matrix Metalloproteinases) 같은 분해 효소가 활성을 높입니다. 결국 피부는 자기 자신을 떠받치던 구조를 안에서부터 천천히 무너뜨리기 시작합니다.

사우나를 다녀온 후, 피부가 팽팽해졌다는 느낌은 착시일 수 있습니다. 일시적인 혈류 증가와 수분 팽창의 효과일 뿐, 그 이면에서는 진피 구조가 열로 인한 피로 누적을 겪고 있을 수 있습니다. 이처럼 반복되는 고온 자극이 피부 탄력을 서서히 빼앗아가는 현상, 우리는 이것을 열노화(Thermal Aging)라 부릅니다.

**열노화가 유발하는 피부 변화**

- 콜라겐 변성 → 구조 약화, 복원력 저하
- 엘라스틴 손상 → 탄성 소실, 주름 형성
- MMP 활성 증가 → ECM 분해 가속
- 멜라닌세포 자극 → 색소침착 촉진

### 1) 열노화의 메커니즘 이해하기

햇빛 아래 단 15분, 그 시간 동안 피부 표면 온도는 41℃까지 상승합니다. 이때 피부 세포 안에서는 TRPV1(열 감지 수용체)가 작동하며, $Ca^{2+}$ 유입, MAPK 경로(ERK1/2, JNK) 활성, 그리고 산화 스트레스(ROS, NO, $H_2O_2$) 유발이 이어집니다.

결국 이 연쇄 반응은 MMP 유전자 발현을 증가시키고, 콜라겐과 엘라스틴이 분해되면서 피부 구조가 내부에서부터 해체되기 시작합니다. 이것이 열노화의 시작점입니다. 보이지 않는 온도 스트레스가 피부를 무너뜨리는 메커니즘인 것입니다.

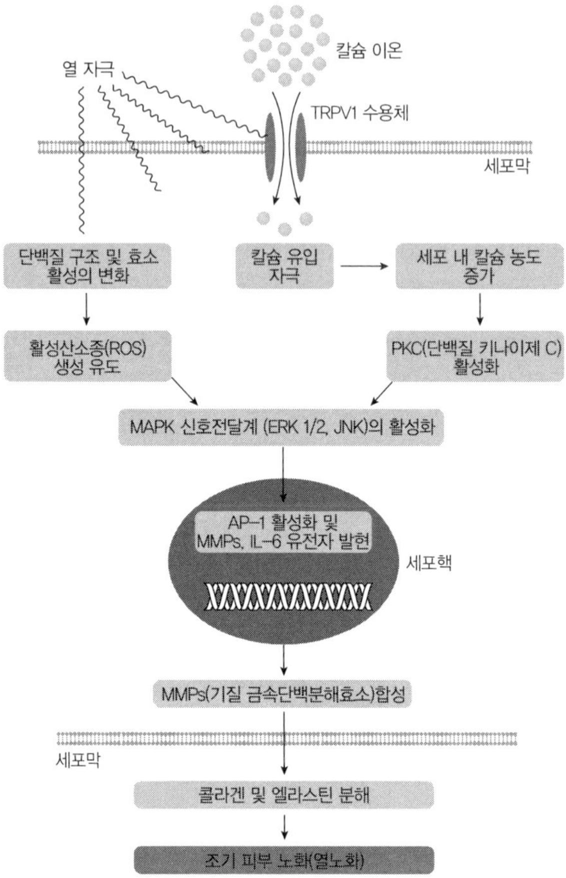


**태양열과 열 자극에 의해 발생하는 피부의 열노화(Premature Skin Aging) 기전**

출처: M.Ya. Akhalaya et al., Ageing Research Reviews, 2014)

## 열노화의 4단계 생화학 경로

### (1) Heat: 피부 온도 상승

근적외선(IR-A)이나 고온 환경에 노출되면, 피부 표면의 온도는 빠르게 상승합니다. 이때 피부 세포 내 TRPV1(Transient Receptor Potential Vanilloid 1)이라는 열 감지 채널이 활성화되며 첫 반응이 시작됩니다.

### (2) $Ca^{2+}$ 유입: 경보 신호의 시작

TRPV1 채널을 통해 세포 안으로 **칼슘 이온**($Ca^{2+}$)이 유입되면, 피부는 신속히 신호를 전달합니다. 이 신호는 단백질 키나아제(PKC)와 MAPK(ERK1/2, JNK) 경로를 자극하여, 피부 구조에 변화를 일으킬 유전자 반응을 촉발합니다.

### (3) 산화 스트레스 폭발: 내부의 작은 폭탄들

열은 동시에 ROS(활성산소), NO, $H_2O_2$ 같은 산화 스트레스 물질의 생성을 유도합니다. 이들은 세포막, DNA, 단백질을 공격하고, 피부 노화 유전자 AP−1을 활성화시켜 피부 구조에 혼란을 일으킵니다.

### (4) MMPs 증가: 피부 구조물의 붕괴 시작

AP−1 유전자가 켜지면, 피부는 MMP(Matrix Metalloproteinases)라는 분해효소를 과도하게 생성하게 됩니다. 그 결과, 콜라겐과 엘라스틴 등 진피의 지지 구조물들이 무너지고, 피부는 탄력을 잃고 주름이 깊어지는 '붕괴 연쇄 반응'에 들어가게 됩니다. 그 결과, 콜라겐과 엘라스틴 등 진피의 지지 구조물들이 무너지고, 피부는 탄력을 잃고 주름이 깊어지는 '붕괴 연쇄 반응'에 들어가게 됩니다.

열에 노출된 피부에서는 **열 자극 → TRPV1 활성화 → 칼슘 유입 → ROS 및 MMP 생성 → 콜라겐·엘라스틴 분해 → 조기 노화 발생**이라는 연쇄 반응이 일어나며, 이것이 바로 '열노화'의 생화학적 경로입니다. 여름철 햇볕 아래 피부 온도가 41도까지 상승하는 상황은 피부 탄력 저하의 주요 원인이 될 수 있습니다.

### 2) 열이 피부를 무너뜨리는 방식

#### (1) 콜라겐, 피부 속에서 '익다'

콜라겐은 우리 몸에서 가장 풍부한 단백질이자, 피부를 지탱하는 골조입니다. 그러나 반복되는 고온 노출은 이 섬세한 구조를 변화시킵니다. 처음엔 부드러워졌다가, 시간이 지날수록 **교차결합**(cross-linking)이 증가하면서 단단하고 굳은 구조로 변합니다. 결국 피부는 복원력을 잃고, 주름이 깊어지는 토대가 만들어지는 것입니다.

#### (2) 엘라스틴, 탄력 고무줄이 끊어지는 순간

엘라스틴은 피부에 유연한 탄성을 부여하는 섬유입니다. 그러나 열에 의해 MMP가 활성화되면 이 고무줄은 서서히 약해지고, 결국 끊어지게 됩니다. 한 번 손상된 엘라스틴은 재생이 어렵기에, 피부 탄력 저하는 불가역적인 방향으로 진행됩니다.

#### (3) 수분 손실, 피부의 메마름을 부른다

고온 환경은 피부의 수분을 증발시키는 '보이지 않는 바람'입니다. **경표피 수분 손실**(TEWL)이 증가하면서 피부는 메마르고, 잔주름이 깊어지며, 장벽 기능까지 약화됩니다. 이건 단순히 건조해지는 문제가 아니라, 피부가 스스로를 지킬 힘을 잃는 과정입니다.

### 3) 열이 만드는 염증: 피부 속의 화상 경보

고온 노출은 피부를 위협으로 인식하게 만들고, IL−1β, TNF−α 같은 염증성 사이토카인 분비를 촉진시킵니다. 이는 처음엔 보호 작용이지만, 반복되면 만성 염증으로 전환되어 피부를 스스로 공격하게 됩니다. 또한 열은 모세혈관을 확장시켜 일시적인 홍조를 유발하고, 이것이 반복되면 영구적인 홍조(혈관 확장증)로 남을 수 있습니다.

### 4) 일상 속 숨어 있는 '뜨거운 적'

- **사우나**: 일시적 혈류 증가 효과는 있지만, 잦은 고온 노출은 진피 단백질 구조를 변형시킵니다.
- **헤어드라이어**: 얼굴 가까이 사용하는 뜨거운 바람은 수분을 증발시키고 탄력 구조를 손상시킵니다.

### 5) 열노화를 막는 실질적인 전략

#### (1) 피부 온도 즉시 진정

쿨링 마스크팩, 수딩 젤, 냉찜질 등을 활용해 피부의 열기를 빠르게 낮춰줍니다.

#### (2) 항염·항산화 진정 관리

알로에베라, 판테놀, 병풀추출물 등은 열로 인한 염증 반응을 완화하는 데 효과적입니다.

#### (3) 보습 장벽 복구

히알루론산, 세라마이드 같은 수분 자석 성분이 포함된 보습제로 피부 속 수분을 꽉 잡아주는 것이 필수입니다.

피부는 온도를 기억한다.

자외선처럼 눈에 보이지 않지만 강력한 적, 그것이 바로 '열'입니다. 피부는 따뜻함을 기억합니다. 그리고 그 기억은 노화라는 흔적으로 돌아옵니다.

오늘의 열은 내일의 주름이 됩니다. 그러니 햇볕을 피할 수 없다면, 피부 온도를 지키는 습관부터 시작하세요. 건강한 피부의 첫걸음은 '보이지 않는 열'을 인식하는 데서 시작됩니다.

## 3. 활성산소(ROS): 피부 노화의 촉매자이자 면역계의 조력자

*"산소가 많을수록 건강하다는 믿음, 피부에는 예외입니다."*

우리가 매일 맞이하는 햇빛, 마시는 공기, 스트레스 한 조각, 잠 못 든 밤 등 이 모든 순간은 피부 안에서 ROS(활성산소종)를 생성해냅니다. 이들은 말없이 침투해 피부를 산화시키고, 구조를 손상시키며, 결국 노화라는 이름의 변형을 조용히 쌓아갑니다.

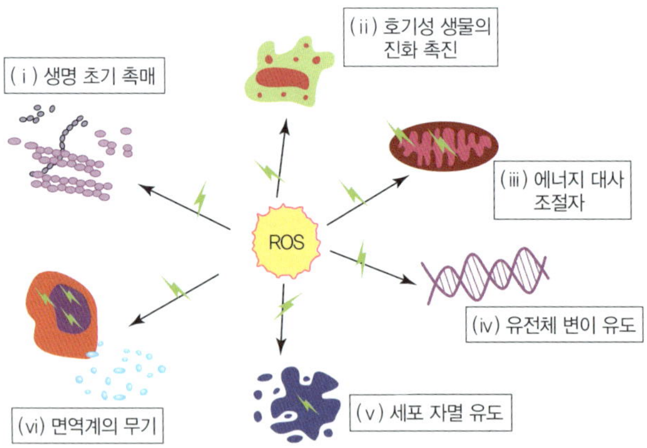


ROS(Reactive Oxygen Species, 활성산소)의 다양한 생물학적 기능과 영향

중앙에 위치한 **ROS(활성산소)**는 생명체 내에서 다음과 같은 6가지 생물학적 작용을 유도합니다.

(i) 생명 초기 촉매

→ 생명의 기원 단계에서 원시 분자 형성을 가능하게 한 주요 화학 반응 유도자. 초기 지구 환경에서 ROS는 생화학적 다양성과 분자의 진화를 이끈 원동력이었습니다.

(ii) 호기성 생물의 진화 촉진

→ 호기성 생물의 진화에 결정적인 역할을 한 진화적 요인으로서, ROS를 조절하고 활용하는 생물들이 산소 환경에 적응합니다.

(iii) 에너지 대사 조절자

→ 산화적 에너지 대사(Oxidative Phosphorylation)의 효율을 높이는 신호전달 매개체. 세포 에너지 생산 과정에서 ROS는 미토콘드리아 내 신호 조절 기능을 수행합니다.

(iv) 유전체 변이 유도

→ 유전체 다양성과 종의 가변성에 기여. ROS는 돌연변이를 유도해 진화적 다양성을 촉진하지만, 동시에 유전자 손상의 원인이 되기도 합니다.

(v) 세포 자멸 유도

→ 손상되거나 이상 증식한 세포의 사멸(apoptosis)을 유도하는 기능으로써, 세포 청소 시스템의 일환으로 작용합니다.

(vi) 면역계의 무기

→ 면역세포(특히 대식세포)가 병원체를 제거할 때 사용하는 세포독성 도구로 ROS가 활용됩니다. 병원균을 공격하고 제거하는 무기로 기능합니다.

### 1) ROS, 피부 구조를 무너뜨리는 은밀한 파괴자

ROS는 표피를 지나 진피 깊숙이 침투해 콜라겐과 엘라스틴을 직접 손상시키거나 MMP(Matrix Metalloproteinases)라는 분해 효소를 활성화시켜 피부의 지지대를 무너뜨립니다. 그 결과, 피부는 탄력을 잃고 주름이 생기며, 시간의 흔적은 점점 더 짙어집니다. 또한 ROS는 다음과 같은 방식으로 피부를 침식합니다.

- **DNA 손상**: 세포 유전자에 변형을 일으켜 재생력을 약화시키고, 장기적으로는 암세포화 위험까지 증가시킵니다.
- **색소침착 유도**: 멜라닌세포를 자극해 기미, 잡티, 주근깨를 유발하고 피부톤의 균형을 깨트립니다.

피부가 '지쳐 보이는' 이유는 단순히 나이 탓이 아닙니다. ROS가 남긴 산화의 그림자가 피부 위에 서서히 그려지는 것입니다.

### 2) ROS, 파괴자이자 회복의 조율자

ROS는 결코 단순한 악당이 아닙니다. 우리의 면역 시스템은 외부 침입자(세균, 바이러스)를 방어하기 위해 ROS를 만들어냅니다. 이때 ROS는 분자 무기로 작동하며, 파괴뿐 아니라 재생과 정비에도 관여합니다.

① **감염 방어**: 호중구, 대식세포 등 면역세포가 생성한 ROS는 병원체의 세포막을 파괴해 피부의 면역 방어선을 구축합니다.

② **세포 신호전달**: ROS는 세포 성장, 분화, 염증, 재생을 조절하는 산화환원 반응(Redox signaling)의 신호 분자 역할도 수행합니다.

③ **세포사멸(Apoptosis) 유도**: 기능을 잃거나 손상된 세포를 제거해 피부를 건강하게 리셋하는 '청소 시스템'으로 작동합니다.

ROS는 우리 몸이 스스로를 지키고 복구하는 데 꼭 필요한 설계자이기도 합니다.

### 3) 활성산소의 주요 유형과 특징

**주요 활성산소 유형 요약**

| 종류 | 설명 | 피부에 미치는 영향 |
|---|---|---|
| 슈퍼옥사이드 라디칼 ($O_2^-$) | 에너지 대사 중 가장 먼저 생성되는 활성산소 | 다른 ROS를 유발하며, 염증 반응 촉진 |
| 과산화수소($H_2O_2$) | 비교적 반응성은 낮지만, 세포막을 통과할 수 있음 | 지속적 노출 시 DNA 손상과 색소 침착 유발 |
| 하이드록실 라디칼 (•OH) | 가장 반응성이 높고 파괴력이 강한 활성산소 | 콜라겐, 지질, 단백질 모두를 공격 |
| 싱글렛 산소($^1O_2$) | 빛 에너지에 의해 생성 | 광노화, 색소 침착과 직접적 관련 |

**보이지 않는 스파크, 피부 시간을 앞당기는 분자들**

피부 노화는 주름 한 줄에서 시작되지 않습니다. 그보다 훨씬 전에, 피부 속 분자들이 일으킨 조용한 반란이 먼저 일어납니다. 그 중심에 있는 주범—또는 때론 조력자—바로 **활성산소(ROS)**입니다.

ROS는 우리 몸의 에너지 대사, 면역 반응, 외부 자극에 대한 반응

속에서 태어나는 고반응성 분자들로, 피부에 있어 양날의 검입니다. 지금부터, 작지만 강력한 4가지 주요 활성산소를 살펴보겠습니다.

### (1) 슈퍼옥사이드 라디칼($O_2^-$): 노화의 스위치를 켜는 첫 불씨

산소는 생명의 필수 조건이지만, 피부 속에선 때때로 '불청객'으로 변합니다. 그 대표적인 예가 바로 $O_2^-$, 슈퍼옥사이드 라디칼입니다. 이 라디칼은 미토콘드리아의 전자전달계(ETC)에서 산소가 전자를 하나 받는 순간 생성됩니다.

$$O_2 + e^- \rightarrow O_2^-$$

이 과정은 대사 중의 흔한 실수처럼 자연스럽지만, 외부 자극–자외선, 대기오염, 방사선, 염증–에 의해 빈번하게 유도되고, 결국 피부는 잔잔하지만 깊은 산화 스트레스를 받게 됩니다.

**피부를 공격하는 세 가지 방식**

① **미토콘드리아 공격**: 세포의 에너지 공장을 손상시켜, 재생력 저하
② **MMP 활성화**: 콜라겐을 분해해 주름과 탄력 저하 유도
③ **염증 유도**: IL–1β, TNF–α 등 염증성 사이토카인 분비 증가 → 민감 피부, 트러블 가속

### (2) 과산화수소($H_2O_2$)

$O_2^-$가 슈퍼옥사이드 디스뮤타아제(SOD)에 의해 중화되면서 생성되는 $H_2O_2$(과산화수소)는 눈에 보이지 않지만 피부 속을 자유롭게 드나드는 투명한 침입자입니다.

$$O_2^- + 2H^+ \rightarrow H_2O_2 + O_2$$

① $H_2O_2$의 위협적인 변신

- **DNA 손상**: 세포핵에 침투해 돌연변이 유발 → 피부암 리스크 증가
- **미토콘드리아 기능 저하**: 에너지 생산력 저하 → 피부 회복력 감소
- **MMP 유도 → ECM 파괴**: 콜라겐·엘라스틴 분해 → 탄력 저하, 주름 가속화

② 가장 위험한 순간: Fenton 반응

$H_2O_2$는 철 이온($Fe^{2+}$)과 결합할 때 ·OH(하이드록실 라디칼)이라는 가장 파괴적인 ROS로 변모합니다.

$$H_2O_2 + Fe^{2+} \rightarrow \cdot OH + OH^- + Fe^{3+}$$

이 반응은 피부 속 '미세한 핵폭탄'과도 같습니다.

그러나, $H_2O_2$도 양면성을 지닙니다.

- **낮은 농도** : 신호 조절, 상처 치유 → 재생 촉진, 항염 조절
- **높은 농도**: 산화 스트레스 폭발 → 콜라겐 파괴, 노화 가속

$H_2O_2$는 '은밀한 파괴자'인 동시에, 회복의 메신저가 될 수도 있습니다. 결국, 그 진짜 얼굴은 균형의 여부에 달려 있습니다.

### (3) 일중항산소($^1O_2$)

자외선 UVA에 노출되면 피부 속 산소 분자는 에너지를 받아 들뜬

상태의 $^1O_2$(싱글렛 산소)로 변합니다. 이 존재는 특별히 높은 반응성을 지니며, 피부의 지질, 단백질, DNA를 조용히 공격합니다.

**그러나 이 산소도 치료제가 될 수 있다?**

- **Photodynamic Therapy**: 암세포 선택 제거, 광감작 요법 활용
- **항산화 시스템 자극**: 소량의 $^1O_2$가 피부 자체 방어 시스템을 깨움

위험하지만 유익한 존재, 바로 $^1O_2$입니다.

### (4) ROS와 항산화 시스템의 균형

*"피부 속 전쟁, 무기는 균형이다."*

피부는 외부의 ROS 공격에 대응하기 위해 자체 항산화 방어막을 갖추고 있습니다.

| 항산화 효소 | 기능 |
|---|---|
| SOD | $O_2^-$ 제거 → $H_2O_2$ 생성 |
| Catalase | $H_2O_2$ → $H_2O$ + $O_2$ 분해 |
| Glutathione | 광범위 ROS 제거 및 독성 중화 |

이 시스템을 보강해주는 외부의 '군수지원'이 필요할 때, 우리는 다음과 같은 항산화제를 선택합니다.

- 비타민 C, E: 피부 표면에서 ROS를 직접 중화
- 폴리페놀(녹차, 포도씨 등): ROS 생성 차단 + 염증 완화

피부 속엔 매일 전쟁이 벌어지고 있습니다. 당신의 루틴은 방패인

가, 방관자인가?

활성산소는 피할 수 없습니다. 하지만 우리가 어떻게 다루느냐에 따라, 그것은 피부를 늙게도, 회복하게도 만듭니다. 피부는 시간보다 '산화'에 늙습니다. 그 산화의 속도를 결정하는 건, 당신의 '균형감각'입니다.

| 공격 대상 | 작용 | 결과 |
|---|---|---|
| 세포막 | 지질과 반응 → 리피드 퍼옥사이드 생성 | 장벽 손상, 수분 증발 |
| 멜라닌세포 | 티로시나아제 활성화 | 색소침착, 기미·잡티 |
| 면역 시스템 | IL-6, TNF-α 분비 자극 | 염증 유도, 회복력 저하 |

### 4) 자외선에 의한 피부층의 노화: 피부 속에서 벌어지는 조용한 전쟁

햇살 좋은 날, 우리는 "날씨가 참 좋다"고 말합니다. 하지만 그 순간, 피부는 보이지 않는 적과 전쟁 중입니다.

그 적의 이름은 자외선(UV).

이 빛은 단지 피부를 그을리거나 따갑게 만들지 않습니다. 피부 바깥의 표피에서부터 속 깊은 진피층까지 침투하며, 세포를 하나하나 파괴하고, 노화를 가속하는 가장 강력한 외부 공격자입니다.

#### (1) 표피의 붕괴: 세포가 스스로 죽음을 선택하는 이유

자외선 중 UVB는 피부의 최전선, 표피층을 정면으로 타격합니다. 이때 가장 먼저 일어나는 반응은 DNA 손상, 그 대표적인 결과가 바로 싸이클로부탄 피리미딘 이합체(CPDs)의 생성입니다.

이는 유전자의 철자가 틀리는 것과 같아, 세포는 더 이상 제대로 복제될 수 없고 결국 자멸(apoptosis)을 선택하게 됩니다. 이 세포 자살은 일종의 방어 전략이지만, 반복되면 피부는 점점 재생력을 잃고, 얇아지고 약해진 표피 위에 일광화상(sunburn)이라는 전장의 흔적만 남게 됩니다.

### (2) 진피의 침공: 피부 탄성 구조의 붕괴

UVA는 조용히, 그러나 깊숙하게 진피층까지 침투합니다. 그곳에서 자외선은 활성산소(ROS)를 만들어내고,

이 ROS는 MMP(Matrix Metalloproteinase)를 활성화시켜 콜라겐과 엘라스틴, 즉 피부의 구조적 뼈대를 절단합니다.

- 콜라겐 → 끊기고
- 엘라스틴 → 약화되고
- ECM → 와해되고

겉은 멀쩡해 보여도, 피부 속은 무너지고 있는 것입니다.

*"탄탄했던 피부가 주저앉기 시작했다면, UVA의 침입을 의심하세요."*

### (3) 면역의 붕괴: 피부 속 감시자, 랑게르한스 세포의 침묵

피부는 단순한 물리적 장벽이 아닙니다. 면역의 최전선, 즉 정찰기지이기도 하죠. 이 중심에는 랑게르한스 세포가 있습니다. 하지만 UVB는 이 감시자의 숫자를 줄이고, 감지 능력을 둔화시킵니다.

- 면역 시스템 약화
- 염증에 취약해짐
- 피부암의 위험 증가

외부의 적을 감지할 병사가 사라진 피부는, 이제 어떤 침입에도 속수무책일 수밖에 없습니다.

**자외선 노화의 메커니즘 요약**

| 자외선 영향 부위 | 주요 손상 | 결과 |
|---|---|---|
| 표피 | DNA 손상, 세포 자멸 | 일광화상, 재생력 저하 |
| 진피 | 콜라겐·엘라스틴 분해 | 주름, 탄력 저하 |
| 면역 | 랑게르한스 세포 감소 | 감염·염증·피부암 위험 증가 |

### (4) 자외선으로부터 피부를 지키는 전략

이 전쟁에서 이기기 위해, 선제적 방어가 필요합니다.

**매일의 방어 수칙**

① **광범위 차단제**: SPF + PA 등급 모두 높은 제품으로 UVA & UVB 동시 차단

② **항산화 케어**: 비타민 C·E, 폴리페놀 등은 ROS 억제 + MMP 활성화 차단

③ **물리적 차단**: 모자, 긴 소매, 선글라스는 가장 단순하지만 강력한 방패

*"피부 노화는 단지 시간의 문제가 아닙니다.*
*그 이면에는, 빛과의 전쟁이 매일 벌어지고 있습니다."*

우리가 선크림을 바르는 이유는 단지 피부색을 지키기 위함이 아닙니다. 내일의 피부 구조를 지키는 오늘의 가장 현명한 선택입니다.

햇빛은 따사롭지만, 그 아래에선 피부의 역사가 조용히 다시 써지고 있습니다. 당신의 피부가 다음 장을 건강하게 열 수 있도록 지금부터, 방어를 시작하세요.

## 4. 자외선과 멜라닌: 피부의 방패, 그리고 그늘

햇빛은 생명을 키웁니다. 그러나 피부에게는 노화의 신호탄이기도 하죠. 우리는 흔히 "피부가 그을렸다"고 말하지만, 그 순간 피부는 조용한 전쟁을 벌이고 있습니다. 그리고 그 최전방에 서 있는 작고 강력한 방패,

그것이 바로 멜라닌(Melanin)입니다.

### 1) 멜라닌의 탄생: 피부 생존을 위한 케미컬 방패막

피부는 자외선을 단순한 빛이 아닌, 위협 신호로 인식합니다. 이때 작동하는 응급 방어 시스템이 바로 멜라닌 생성 메커니즘입니다.

- 티로신 → 도파(DOPA) → 도파퀴논(DOPAquinone)

  이후 도파퀴논은 두 갈래 길을 선택합니다.
- **유멜라닌**(Eumelanin): 짙은 갈색~검정색, 자외선 차단 능력이 강합니다.
- **페오멜라닌**(Pheomelanin): 붉은빛~노란색, 방어력은 낮지만 여전히 피부 보호에 기여합니다.

그 출발점은 티로신(Tyrosine)이라는 아미노산. 이 분자는 멜라닌세

포(멜라노사이트)에서 효소 티로시나제(Tyrosinase)의 지휘를 받아 다음과 같은 경로로 변환됩니다.

- 티로신 → 도파(DOPA) → 도파퀴논(DOPAquinone) → 멜라닌

이후 멜라닌은 두 갈래로 나뉘어집니다.

- 유멜라닌(Eumelanin): 짙은 갈색~검정, 강력한 자외선 차단 효과
- 페오멜라닌(Pheomelanin): 노란빛~붉은색, 산화 방어력은 약하나 보조 방패 역할

생성된 멜라닌은 멜라노좀(melanosome)이라는 운반체에 실려 기저층의 각질형성세포(Keratinocyte)로 전달됩니다. 이 과정을 통해 피부는 일종의 '내장형 그늘'을 만들어, DNA를 자외선으로부터 지키게 되는 것입니다.

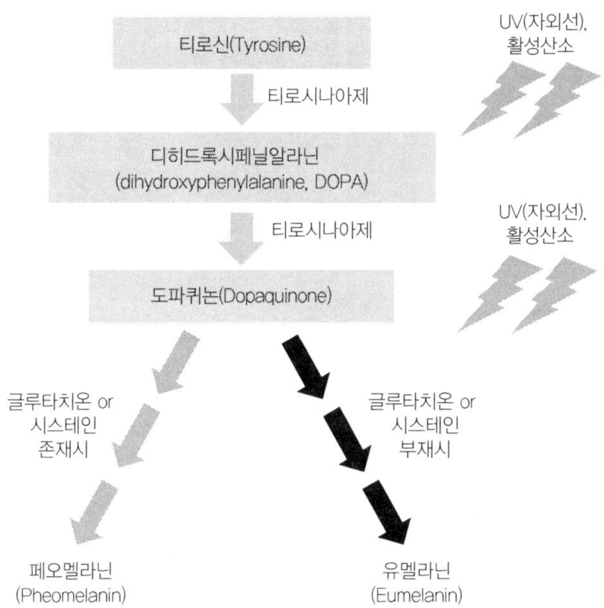

### 2) 자외선 종류와 멜라닌의 반응

멜라닌은 자외선의 종류에 따라 다르게 반응합니다.

- UVB(280~320nm): 표피에 강력한 자극 → 멜라노사이트 직접 자극 → 티로시나제 활성이 급증
- UVA(320~400nm): 진피까지 깊숙이 침투 → ROS 생성 → 간접적으로 멜라닌 과생성 유도

즉, 자외선은 직접적인 유전자 자극 + 산화 스트레스라는 이중 경로를 통해 멜라닌을 과도하게 생성시킵니다.

### 3) 색소침착: 방어의 흔적, 혹은 지워지지 않는 기억

멜라닌은 방어 수단이지만, 조절되지 않으면 흔적을 남깁니다. 그것이 우리가 말하는 기미, 잡티, 검버섯입니다.

| 종류 | 원인 및 특징 |
|---|---|
| 기미(Melasma) | 자외선 + 호르몬 변화 (임신, 피임약 등) |
| 잡티(Freckles) | 유전 + 자외선, 어린 시절엔 매력, 나이 들면 농도 증가 |
| 검버섯(Solar Lentigo) | 자외선 누적 + 노화, 대표적인 광노화의 표지 |

멜라닌세포는 자외선이라는 알람에 반응해 티로신이라는 원두를 갈아, 멜라닌이라는 커피를 추출합니다.

알람이 멈추지 않으면 커피는 넘치고, 피부는 얼룩집니다. 그때 필요한 건 타이머(=티로시나제 억제제)와 필터(=항산화제)입니다.

### 4) 멜라닌, 방패와 그림자 사이의 줄타기

멜라닌은 단순히 '색소'가 아닙니다. 자외선을 흡수하고 산란시키

며 DNA 손상을 예방하는 살아 있는 바이오 실드입니다. 하지만 이 방패가 지속적으로 사용되면 문제가 됩니다. 피부는 탁해지고, 멜라닌은 조직에 축적되고 광노화(Photodamage)는 가속됩니다. 주름, 탄력 저하, 칙칙함—이 모두가 방어의 부작용일 수 있습니다.

### 5) 멜라닌 억제 전략: 없애는 것이 아니라, 조절하는 것

멜라닌 억제는 단순히 '미백'이 아닙니다. 피부의 방어 시스템을 건강하게 조율하는 일입니다.

주요 전략

- **티로시나제 억제제**: 알부틴, 코직산, 나이아신아마이드 등 → 멜라닌 생성 초기 차단
- **항산화제**: 비타민 C, E, 글루타치온 → ROS 제거 → 과잉 생성 차단
- **자외선 차단제**: SPF+PA 차단제 → 멜라닌 공장 알람 자체를 차단

멜라닌은 없애야 할 적이 아닙니다. 오히려 자외선이라는 침입자에 맞서 피부가 스스로 꺼내든 가장 강력한 생존 도구입니다. 그러나 그 방패를 매일 들고 있다 보면, 피부는 결국 방어의 무게에 지쳐 흔적을 남깁니다.

멜라닌을 억누르려 하지 말고, 쉴 수 있는 환경을 만들어 주세요. 빛이 강할수록, 피부는 그늘을 찾습니다. 그 그늘의 이름이 곧, 멜라닌입니다. 피부는 언제나 살기 위해 변화하고 있다는 사실, 그 작고 조용한 전쟁의 전략을 잊지 마세요.

## 5. 피부 지방세포 감소와 피부 탄력 저하: 보이지 않는 볼륨, 꺼지는 탄력의 진실

우리는 '탄력' 하면 콜라겐과 엘라스틴만 떠올립니다. 하지만 얼굴을 입체적으로 지지하고 부드러운 윤곽을 만들어주는 진짜 주인공은 따로 있습니다. 바로 피부 속 지방세포(adipocytes). 단순히 '살'이라고만 보기엔, 이들은 얼굴을 떠받치는 정교한 구조물이자 노화의 입체감을 결정짓는 숨은 설계자입니다.

### 1) 지방세포, 피부 탄력의 조용한 건축가

지방세포는 피하지방층에서 조용히 그러나 꾸준히 피부 구조를 떠받칩니다.

- **충격 흡수 쿠션**: 외부 자극으로부터 피부를 보호
- **입체 윤곽 형성**: 얼굴 볼륨을 채워, 주름 형성을 지연
- **수분 저장소**: 수분을 머금고 있어 피부를 촉촉하게 유지

하지만 나이가 들면 이 '쿠션'은 조금씩 가라앉기 시작합니다. 겉으로 드러나진 않지만, 지방세포의 볼륨 손실은 얼굴의 음영을 깊게 만들고, 그 그림자가 결국 '노화된 인상'으로 남게 됩니다.

### 2) 볼륨이 사라질 때, 나이는 드러난다

얼굴의 나이는 주름보다 먼저 '입체감'으로 드러납니다. 지방세포가 줄면 얼굴은 마치 바람 빠진 풍선처럼 꺼지고, 입체감을 잃은 자리에 주름과 그림자가 자리를 잡습니다.

| 부위 | 변화 양상 |
|---|---|
| 눈 밑 | 지방이 꺼지며 다크서클, 주름 심화 |
| 볼 & 팔자 | 볼륨 감소 → 팔자주름 도드라짐 |
| 턱선 & 목 | 이중턱 형성, 목주름 강조 |

얼굴은 단순히 처지는 게 아니라, 속이 비워지면서 꺼지는 것입니다. 그리고 그 시작점이 바로 지방세포의 감소입니다.

**[피부 탄력을 이해하는 "풍선 이야기"]**

갓 불어낸 풍선은 팽팽하고 탄력 있습니다. 하지만 시간이 지나 바람이 빠지면 주름지고 힘없이 쳐지죠. 노화된 피부 역시 마찬가지입니다.

- 콜라겐은 구조를 조이는 줄
- 엘라스틴은 되돌려주는 스프링

지방세포는 그 안을 채우는 공기입니다. 바람 빠진 풍선이 아무리 튼튼해도, 탄력은 되돌아오지 않듯 지방이 빠진 피부는 볼륨 없이 늙어 보일 수밖에 없습니다.

### 3) 줄어든 지방세포를 채우는 전략

지방세포 자체를 복원하기는 어렵지만, 그 빈자리를 보완하고 탄력을 회복하는 방법은 존재합니다.

① 필러 시술

- 꺼진 부위에 볼륨을 직접적으로 주입

- 팔자주름, 눈 밑, 턱선 등 국소 개선에 탁월

② 고주파·레이저 치료

- 피부 속에 열을 전달해 콜라겐 생성을 유도
- 미세한 리프팅 효과 + 피부 조직 재정비

③ 탄력 스킨케어

- 레티놀, 펩타이드, 비타민 C 등 → 콜라겐 합성 촉진
- 장기적으로 피부 두께 증가, 볼륨감 회복에 도움

*"지방세포는 탄력의 기억을 저장하는 쿠션이다"*

지방세포는 단순한 '지방 덩어리'가 아닙니다. 우리가 웃을 때, 찡그릴 때, 표정을 입체적으로 표현할 수 있게 해주는 구조물이며, 시간이 남기는 음영과 감정을 지탱하는 피부 속의 조용한 건축 토대입니다. 피부는 겉에서부터 늙지 않습니다. 속이 비워질 때, 탄력도, 윤곽도, 생기까지 함께 빠져나갑니다.

이제는 '콜라겐만 채우자'는 단편적인 안티에이징 전략을 넘어 볼륨과 탄력, 입체 구조 전체를 함께 고려해야 할 때입니다.

지방세포는 사라질 수 있습니다. 그러나 그 빈자리를 어떻게 채우느냐는 지금 당신의 선택에 달려 있습니다. 지방까지 고려한 탄력 관리, 그것이 진짜 3차원 안티에이징의 시작입니다.

# 5장

# 피부노화와 염증

## 피부 속 시한폭탄

피부 노화는 단순히 '시간의 흐름'만으로 설명될 수 없습니다. 그 속에는 눈에 보이지 않지만 매일매일 우리의 피부를 조금씩 갉아먹는 숨겨진 적이 존재합니다. 바로 염증입니다.

우리는 흔히 염증을 빨갛고 붓고 아픈 증상으로 생각하지만, 피부 깊은 곳에서 천천히 진행되는 만성 염증은 겉으로 드러나지 않습니다. 그렇기에 더욱 위험하고 치명적이죠. 만성 염증은 마치 피부 속에 설치된 시한폭탄과 같습니다. 평소엔 아무런 징후 없이 조용히 숨어 있다가 어느 순간 급격하게 피부의 노화를 앞당기며 폭발하기 때문입니다.

### 피부 노화를 부르는 염증의 세 가지 주범들

우리 피부 깊숙한 곳에서는 세 가지 핵심적인 생체 물질이 서로 맞물리며 염증 반응을 유발하고, 노화의 속도를 높입니다.

- **염증성 사이토카인**: 염증을 부추기는 신호물질로 피부 세포를 지속적으로 공격해 손상시키고, 피부 재생 능력을 약화시킵니다.
- **활성산소(ROS)**: 세포를 산화시켜 DNA와 피부 조직에 손상을 주며, 콜라겐과 엘라스틴 같은 중요한 피부 단백질을 파괴하는 주범입니다.
- **기질금속단백분해효소(MMP)**: 피부를 지탱하는 콜라겐과 엘라스틴 섬유를 분해해 피부 탄력과 구조를 무너뜨립니다.

이들이 서로 연결되고 자극하면서 피부는 점점 더 빠르게 늙어갑니다.

### 피부 속 만성 염증은 어떻게 진행될까?

우리 피부는 매일 외부 자극(자외선, 환경오염, 스트레스 등)을 받습니다. 처음엔 눈치채기 어려운 작은 자극들이 누적되면, 피부 속에서는 '미세 염증(micro-inflammation)'이라는 형태로 지속적인 공격이 이어집니다. 이 미세 염증은 피부 겉으로는 티가 나지 않지만, 피부 깊은 층에서는 서서히 만성 염증 상태로 발전해 점점 더 큰 손상을 불러오죠. 한마디로 피부는 겉으로 보기엔 멀쩡한 것 같아도, 피부 속 깊은 곳에서는 끊임없이 염증이 퍼지고 있는 것입니다.

### 염증이 만드는 피부 노화의 악순환 고리

염증은 다음과 같은 방식으로 피부의 노화를 부추깁니다.

- **염증 발생**: 피부에 자극이 가해지면 염증성 사이토카인과 활성산소가 방출됩니다.
- **콜라겐 파괴**: 활성산소는 MMP라는 효소를 활성화시켜 콜라겐과 엘라스틴을 빠르게 분해합니다.
- **탄력 저하와 주름 생성**: 피부 속 구조물이 무너지며 피부는 점차 처지고 깊은 주름을 형성하게 됩니다.
- **피부 재생력 저하**: 지속적인 염증 상태에서 피부의 자가 재생 능력은 저하되고, 이는 더 빠른 피부 노화로 이어집니다.

이 악순환이 계속 반복되면, 피부는 점점 더 급격하게 늙어가며 회복할 수 없는 지점에 이르게 됩니다. 이 장에서 다룰 핵심은 염증이 어떻게 피부 속에서 조용히 확산되는지, 만성 염증이 피부 구조(콜라겐, 엘라스틴)를 어떻게 무너뜨리는지, 활성산소, 사이토카인, MMP가 서로 얽혀 만들어내는 피부 노화의 메커니즘, 피부 속 염증을 관리하고 예방하는 효과적인 전략 등입니다.

피부 노화는 단순한 나이 때문이 아닙니다. 피부 깊은 곳에서 매 순간 벌어지는 염증 반응과 그로 인한 손상이 피부 노화를 앞당기는 진짜 원인이죠. 하지만 다행히도 염증은 충분히 통제할 수 있는 대상입니다. 염증의 메커니즘을 정확히 이해하고 이를 다룰 수 있다면, 피부의 시간을 더 천천히 흐르게 만들 수 있습니다. 지금부터, 피부 속에 설치된 염증이라는 시한폭탄의 정체를 낱낱이 밝혀내고, 이를 효과적으로 제어하는 방법을 함께 찾아가 보겠습니다.

당신의 피부는 염증에 지지 않을 것입니다. 이제부터 시작되는 이야기가 그 이유가 될 테니까요.

## 1. 염증: 피부 속 조용한 전쟁, 염증의 두 얼굴

염증은 우리 몸이 위험을 감지했을 때 가장 먼저 꺼내 드는 본능적인 방어 본능입니다. 상처가 났을 때, 세균이 침입했을 때, 피부가 자극을 받았을 때–염증은 "지금 복구가 필요합니다!"라는 경고 신호와도 같습니다. 이처럼 급성 염증은 짧고 강력하게 작동해 우리 몸을 지켜주는 '응급 대응 시스템'이지만, 문제는 이 반응이 끝나지 않고 계속될 때입니다.

### 1) 염증의 두 얼굴

#### 만성 염증, 피부 노화의 시한폭탄

급성 염증은 피부를 지키기 위한 일시적 방화벽이라면, 만성 염증은 피부 안에서 천천히 타오르는 불씨입니다.

- 염증성 사이토카인은 피부 세포의 분열을 방해하고,
- ROS(활성산소종)는 세포 구조를 손상시키며,
- MMPs(기질 금속 단백분해효소)는 콜라겐을 직접 분해합니다.

그 결과, 콜라겐과 엘라스틴의 감소 → 피부 구조의 붕괴 → 주름과 처짐으로 이어집니다. 눈에 보이지 않는 이 염증의 누적이야말로, 피부가 갑자기 나이 들어 보이는 진짜 이유일 수 있습니다.

염증은 반드시 필요한 면역 반응입니다. 하지만 제때 꺼지지 않으면, 피부는 내부에서부터 서서히 무너집니다. 특히 만성 염증은 피부 노화의 조용한 주범입니다.

**염증의 두 얼굴**

| 구분 | 급성 염증 | 만성 염증 |
|---|---|---|
| 기간 | 단기적 (수시간~수일) | 장기적 (수주~수년) |
| 원인 | 상처, 감염, 자극 등 | 생활 습관, 스트레스, 외부 유해물질 등 |
| 특징 | 붓기, 발적, 열감, 통증 | 육안상 뚜렷한 증상은 없지만, 조직의 파괴가 누적됨 |
| 결과 | 치유와 회복 | 세포 노화, 조직 손상, 피부 노화 가속 |

### 2) 염증과 피부 노화의 연결고리

*"피부 속 염증, '느리게 타오르는 불'이 노화를 부른다."*

피부 노화는 단순히 시간의 흐름으로만 설명되지 않습니다. 그 아래에는 '염증'이라는 보이지 않는 시나리오가 조용히, 그러나 집요하게 깔려 있죠. 염증은 본래 손상된 세포를 회복시키기 위한 방어 기전이지만, 그 반응이 오래 이어지면 회복이 아닌 '파괴'의 방향으로 전환됩니다. 피부에서는 바로 이 만성 염증이 콜라겐과 엘라스틴, 히알루론산 같은 구조 단백질과 ECM 성분들을 공격하며 결국 주름, 탄력 저하, 건조함, 칙칙함이라는 노화의 얼굴을 그려냅니다.

### (1) 염증성 사이토카인: 피부 속 파괴의 신호탄

염증 반응의 중심에는 사이토카인과 케모카인이라는 신호 단백질이 있습니다. 이들은 면역세포를 자극해 염증을 유도하고, 피부 구조를 직접적으로 손상시킵니다.

- IL−1, IL−6, TNF−α → MMP(기질 금속단백분해효소)를 활성화해 콜라겐을 분해하고 진피의 안정성을 무너뜨립니다.
- 케모카인 → 염증 세포를 계속해서 피부로 끌어들여, 염증의 불씨를 끄지 못하게 만듭니다.
- ROS(활성산소종) 생성 촉진 → 세포 내 산화 스트레스를 증가시켜 노화 유전자(aging gene)의 발현을 유도합니다.
- 피부 장벽 손상 → TEWL(경표피 수분 손실)이 증가하며, 피부는 건조하고 민감한 상태로 변합니다.

한 마디로 사이토카인은 '피부의 소방관'처럼 등장했다가, 장기화되면 '방화범'으로 변해버리는 이중적 존재입니다.

### (2) 프로스타글란딘: 염증의 '기폭제'

프로스타글란딘(PGE2)은 염증이 시작될 때 가장 먼저 등장하는 분자입니다. 처음에는 혈류를 증가시키고 면역세포를 부르는 유익한 신호지만, 지나치게 많아지면 다음과 같은 문제를 유발합니다:

- 혈관 확장 → 안면 홍조 유발
- 피부 수분 손실 증가 → 건조함 유발
- 콜라겐 분해 유도 → 잔주름, 피부 처짐 가속화

이렇게 보면, 프로스타글란딘은 '응급 반창고' 같지만, 오래 붙이고 있으면 피부를 더 약하게 만드는 셈입니다.

### (3) MMP: 피부 구조를 해체하는 효소

MMP(Matrix Metalloproteinases)는 피부 탄력의 핵심인 콜라겐과 엘라스틴을 분해하는 효소입니다. 염증 반응에서 이 효소가 과도하게 활성화되면, 피부 속 구조물들은 서서히 무너집니다.

- 진피의 섬유 구조가 해체
- 피부의 지지력이 약화 → 주름, 탄력 저하
- 윤곽이 무너지고 얼굴 라인이 흐릿해짐

MMP는 말하자면 피부 속 '조용한 해체팀'입니다. 겉으론 멀쩡해 보여도, 그 아래선 매일 조금씩 무너지고 있는 셈이죠.

염증은 더 이상 피부 트러블의 일시적 증상이 아닙니다. 그건 피부 노화를 이끄는 가장 교묘하고 강력한 메커니즘입니다. 그래서 진짜 안티에이징은, 단순한 주름 펴기가 아니라 피부 속 염증을 진화시키는 전략이어야 합니다.

## 염증성 사이토카인, 케모카인, 그리고 프로스타글란딘

피부 염증의 주요 매개체

피부 노화는 단순히 세월이 흐르며 자연스럽게 일어나는 변화가 아닙니다. 그 이면에는 눈에 띄지 않는 생화학적 신호들이 복잡하게 교차하며, 피부 속 깊은 곳에서 '조용한 전쟁'을 벌이고 있습니다.

그 전장의 주역이 바로 염증성 사이토카인, 케모카인, 그리고 프로스타글란딘입니다. 이와 같은 염증 매개체는 피부가 손상됐을 때 신속한 회복을 돕는 생체 방어군이지만, 그 반응이 장기화되고 만성화되면 오히려 피부 노화의 촉진자로 변모합니다. 피부 속에서 벌어지는 이 생리적 갈등을 이해하는 것은 노화의 속도를 늦추고 젊음을 지키기 위한 첫걸음입니다.

### 1. 염증성 사이토카인: 염증 반응의 총지휘자

사이토카인(Cytokine)은 면역계의 소통 수단이자, 염증 반응을 설계하고 조절하는 '메신저 단백질'입니다. 피부가 손상되거나 자극을 받을 때, 사이토카인은 즉각적으로 반응하여 면역세포를 손상 부위로 소환하고 염증 반응을 확산시킵니다.

#### 1) 주요 사이토카인과 역할

- **IL-1(인터루킨-1)**: 염증의 개시 신호탄. 손상된 피부에 빠르게 반응하여 면역 시스템을 깨우고, 동시에 콜라겐 분해효소(MMP)의 생산을 촉진해 피부 구조에 손상을 입힙니다.
- **IL-6(인터루킨-6)**: 자외선 노출과 같은 스트레스 요인에 반응하여 장기적인 염증을 유도하고, 피부의 탄력 저하와 주름 형성을 가속화합니다.
- **TNF-α(종양괴사인자 알파)**: 매우 강력한 염증 유도물질로 활성산소종(ROS)을 폭발적으로 증가시켜 피부세포에 산화 스트레스를 가중시킵니다.

#### 2) 사이토카인이 피부에 미치는 영향

- **산화 스트레스 유발**: ROS 생성 증가 → 세포 손상 및 노화 유전자 활성화
- **콜라겐과 엘라스틴 분해 촉진**: MMP 활성화를 통해 피부 구조 약화
- **피부 재생력 저하**: 지속적인 염증 반응으로 인해 손상 회복이 더뎌짐

### 2. 케모카인: 염증 세포의 유도자

케모카인(Chemokine)은 염증 반응의 길잡이입니다. 면역세포에게 "여기로 와!"라고 신호를 보내는 작고 강력한 단백질로, 손상 부위에 정확하게 면역세포를 유도하여 염증 반응의 강도와 지속시간을 조절합니다.

1) 주요 케모카인의 역할

- CCL2(MCP-1): 대식세포를 호출해 염증 반응을 강화
- CXCL8(IL-8): 호중구를 빠르게 동원해 박테리아를 제거하지만, 과도할 경우 정상 조직까지 공격하여 피부 손상을 야기합니다.

2) 케모카인의 노화 기전

- 염증 세포의 과도한 집결 → 조직 손상 증가
- 상처 치유 지연 → 만성 염증 지속 → 피부 노화 가속

**3. 프로스타글란딘: 염증의 점화 스위치**

프로스타글란딘(Prostaglandin)은 지방산에서 유래한 생리활성 물질로, 염증의 초기 반응을 주도합니다. 혈관을 확장시키고 통증을 유발하며, 염증 부위로 백혈구를 모이게 만듭니다.

1) 주요 프로스타글란딘

- PGE2: 염증 부위의 혈관 확장과 부종, 통증을 유발하며, 통증 수용체를 예민하게 만들어 염증성 통증을 증폭시킵니다.
- PGD2: 만성 염증성 피부질환에서 증가하며, 장기적인 피부 노화 반응과 연관됩니다.

2) 프로스타글란딘의 피부 노화 기전

- 혈관 확장 → 붉어짐, 부기
- MMP 활성화 → 콜라겐 파괴
- 피부 장벽 손상 → TEWL 증가 → 건조하고 민감한 피부 유도

염증의 균형이 곧 피부의 미래다

염증은 피부를 지키는 수호자이기도 하지만, 조절되지 않은 염증은 피부를 서서히 침식시키는 시한폭탄이 됩니다. 사이토카인, 케모카인, 프로스타글란딘이라는 세 명의 지휘자를 제대로 다스린다면, 우리는 피부 노화의 속도를 늦추고, 건강하고 빛나는 피부를 조금 더 오래 간직할 수 있습니다.

다음으로 살펴 볼 〈피부 속 '보이지 않는 전쟁': 염증 반응의 메커니즘〉 그림은 피부염증 반응의 전반적인 과정을 시각적으로 정리한

자료로, **병원체 침입 → 염증신호 생성 → 면역세포 유입 → 염증 반응 → 자가면역 가능성**이라는 흐름을 통해 "피부염증이 어떻게 피부 노화로 이어질 수 있는지"를 이해할 수 있도록 돕습니다. 피부에 병원체(세균, 바이러스 등)가 침입했을 때 **우리 몸이 어떻게 즉각적인 방어 시스템을 가동하는지**를 보여줍니다. 피부는 단순한 외벽이 아니라, 유해 물질이 침입하면 **즉각적으로 '면역 시스템'을 작동시키는 생체 방어 본부**로 변신합니다.

① 병원체의 침입(Pathogens)

먼저 피부 장벽이 손상되거나, 병원체(검정색/갈색의 세균, 붉은 바이러스 등)가 피부에 침투하면, 피부 면역 시스템이 즉각 반응합니다.

② 사이토카인과 케모카인의 분비(Cytokines and Chemokines)

병원체를 인식한 면역세포들은 **사이토카인과 케모카인**이라는 신호

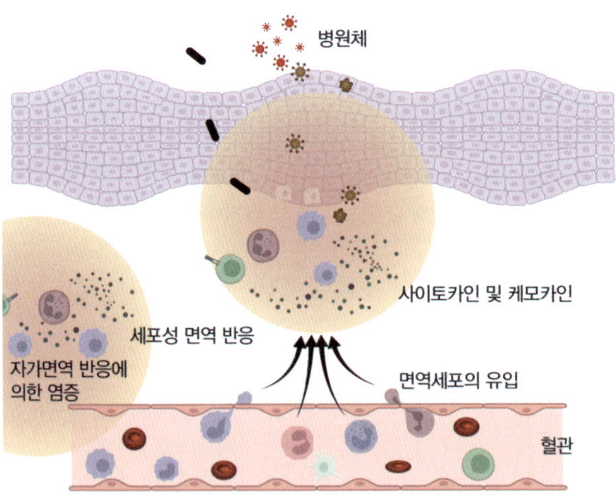


피부 속 '보이지 않는 전쟁': 염증 반응의 메커니즘

물질을 분비하여 염증 부위로 면역세포들을 빠르게 호출합니다.

③ 면역세포의 도착과 반응(Recruitment of Immune Cells)

이 신호를 받은 **T세포, 대식세포, 호중구** 등이 혈관에서 이동하여 침입 부위로 모여듭니다. 이것이 **염증 반응의 시작**입니다.

④ 세포 면역 반응(Cellular Immune Response)

집결한 면역세포들은 병원체를 제거하거나, 손상된 조직을 정리하며 **염증 반응**을 본격화합니다.

⑤ 자가면역 염증으로의 전이(Inflammation by Autoimmune Reaction)

문제는 이 과정이 **지나치게 오래 지속되거나, 자가 면역 반응**으로 잘못 작동할 경우입니다. 정상 세포까지 공격하며 만성 염증으로 이어지고, 이는 곧 **피부노화, 색소침착, 콜라겐 분해**와 같은 문제를 유발합니다.

## 2. 피부 염증과 세포 소멸: 노화를 부르는 조용한 신호

피부는 매일, 셀 수 없이 많은 세포가 태어나고 사라지는 재생의 드라마가 펼쳐지는 무대입니다. 그 무대 한가운데에서 '염증'은 조율자처럼 작동하며 세포가 '살아갈지, 떠날지'를 결정하는 중요한 판단을 내립니다.

적절한 염증 반응은 상처 회복을 위한 신호탄입니다. 문제가 생긴 세포를 정리하고, 새로운 세포가 자리잡을 수 있도록 공간을 만들어

주죠. 하지만 이 염증이 장기화되고 만성화되면, 피부는 '회복'이 아닌 '소멸'을 선택하게 됩니다. 건강한 균형이 무너진 순간, 피부는 재생을 멈추고, 스스로 무너지는 쪽으로 기울기 시작합니다.

### 세포 자멸(Apoptosis)의 그림자

염증 반응이 장기화되면, 손상된 세포뿐 아니라 아직 살아 있을 수도 있었던 세포들까지 '예정된 퇴장'을 하게 됩니다. 이를 세포 자멸(apoptosis)이라 부르죠.

그 결과, 피부 속에서는 다음과 같은 변화들이 조용히 진행됩니다:

- 피부층이 얇아지고,
- 콜라겐과 엘라스틴이 줄어들며,
- 전체적인 탄력이 감소하고,
- 꺼짐과 주름이 빠르게 생깁니다.
- 무엇보다, 상처 회복력도 눈에 띄게 저하됩니다.

세포가 '살아서 싸우지 못하고', 스스로 사라지는 선택을 하게 되는 것. 그게 바로 염증이 만든 피부 노화의 조용한 시나리오입니다. 이처럼, 피부 깊은 곳에서는 매일 '회복'과 '소멸' 사이의 보이지 않는 저울질이 이루어지고 있습니다. 그리고 그 균형추를 기울이는 가장 큰 변수는 바로 염증입니다.

다음 장에서는, 이 염증이 남긴 구체적인 피부 변화의 흔적들을 살펴봅니다. 색소침착, 탄력 저하, 꺼짐과 처짐, 그리고 피부 장벽의 약화까지 당신의 피부에 새겨진 '보이지 않는 불꽃'의 흔적을 함께 추적해봅니다.

## 3. 염증에 의한 피부 변화: 당신의 얼굴에 새겨진 '보이지 않는 불꽃'

거울 속에는 이상 없는데, 왠지 모르게 얼굴이 칙칙해졌고, 표정이 무거워 보이고, 화장이 뜨기 시작했다면 그건 이미 피부 속에서 '작은 불씨'가 번지고 있다는 신호입니다.

눈에 띄는 붉은기나 열감은 사라졌어도, 피부 깊은 곳에서 만성 염증은 여전히 작동 중일 수 있습니다. 조용하지만 집요하게, 피부 노화를 불러오는 보이지 않는 불꽃처럼 말이죠.

### (1) 탄력의 붕괴, 주름의 가속화

콜라겐과 엘라스틴은 피부의 '기둥'이자 '스프링'입니다. 하지만 염증이 지속되면, MMP라는 효소가 이 두 구조 단백질을 분해하면서 피부는 지지력을 잃고 처지고 꺼지며, 주름은 점점 더 깊어집니다.

결국,

- 표정 주름은 고정된 선처럼 자리잡고
- 피부는 탄성을 잃은 천처럼 축 처지고,
- 얼굴은 생기를 잃은 인상으로 변해갑니다.

### (2) 색소 침착과 피부 톤 불균형

염증은 멜라닌세포를 자극해 색소를 과도하게 만들어냅니다. 이로 인해 기미, 잡티, 염증 후 색소침착이 생기고 피부는 얼룩덜룩하고 칙칙해 보이기 시작하죠.

특히 여드름이 지나간 자리에 오래 남는 붉은 자국 또는 햇볕에 민감하게 반응하는 색소 증상은 이러한 염증 반응의 잔상일 수 있습니다.

### (3) 피부 장벽의 붕괴와 만성 건조

피부는 수분을 지키기 위해 천연 보습인자(NMF)와 세라마이드라는 장벽을 갖고 있습니다. 하지만 염증은 이 보호막을 파괴하며, 피부는 내부 수분을 지키지 못한 채 거칠고 민감한 상태로 변합니다.

- 세안 후 바로 당기는 느낌
- 계절이 바뀔 때마다 반복되는 붉어짐과 트러블
- 아무리 발라도 촉촉함이 오래 가지 않는 보습제

→ 이 모든 것이 장벽이 무너진 피부의 신호입니다.

만성 염증은 단지 피부가 예민해졌다는 문제를 넘어서

- 주름을 깊게 만들고,
- 피부톤을 어둡게 하고,
- 보습력을 약화시키는

전방위적인 피부 노화의 트리거(trigger)입니다.

이제 다음 장에서는 이 염증을 어떻게 진정시키고, 피부의 회복을 유도할 수 있을지 스킨케어와 생활 루틴 중심의 항염 전략을 살펴봅니다.

## 4. 피부 염증을 다스리는 전략

노화를 늦추는 가장 과학적인 루틴 피부 나이의 시계를 늦추고 싶다면, 가장 먼저 해야 할 일은 '염증을 조절하는 것'입니다. 염증은 단순한 트러블이 아니라, 콜라겐을 무너뜨리고, 색소를 남기고, 피부 재생력을 떨어뜨리는 노화의 숨은 가속 페달이기 때문이죠.

하지만 다행히도, 그 페달을 '밟지 않는 법'은 존재합니다. 지금 소개하는 네 가지 항염 전략은 당신의 피부가 다시 회복력 있는 리듬을 되찾도록 돕는 실천법입니다.

### (1) 스킨케어 루틴: 피부에 말을 거는 성분들

피부는 우리가 바르는 성분 하나하나를 기억합니다. 특히 다음과 같은 항염·항산화 성분은 피부의 '과열'을 진정시키고 노화의 속도를 늦추는 데 핵심이 됩니다.

- 비타민 C, E, 글루타티온 → 활성산소(ROS)를 중화해 세포 스트레스를 줄이고, 노화 유전자의 발현을 억제합니다.
- 알로에 베라, 카모마일, 나이아신아마이드 → 붉어진 피부를 빠르게 진정시키고, 손상된 장벽을 회복시킵니다. 특히 나이아신아마이드는 색소 침착까지 케어하는 올라운더 성분입니다.

### (2) 라이프스타일 루틴: 피부는 당신의 하루를 다 기억합니다

피부는 단순히 '바르는 것'만으로 달라지지 않습니다. 당신이 무엇을 먹고, 얼마나 자고, 얼마나 숨을 고르느냐가 곧 피부 염증 수치를 좌우합니다.

- 항산화 식품 → 블루베리, 녹차, 토마토, 견과류 등은 몸 속 염증 신호인 사이토카인 수치를 낮춰줍니다.
- 충분한 수면 + 스트레스 완화 → 수면 중 피부는 스스로 회복되고, 스트레스는 염증성 반응의 근원입니다. '마음을 돌보는 일'이 곧 피부를 돌보는 일입니다.
- 규칙적인 운동 → 혈류 순환과 면역 기능을 조절해 피부에 산소

와 영양을 효과적으로 공급해줍니다.

### (3) 자외선 차단: 가장 기본이지만, 가장 강력한 무기

자외선은 염증을 일으키는 피부 노화의 시작점입니다. UVA는 진피층까지 침투해 콜라겐을 파괴하고, UVB는 표피에 염증을 일으켜 색소를 남깁니다.

매일 SPF 30 이상, PA+++ 이상의 자외선 차단제를 바르는 것은 단순한 뷰티 루틴이 아니라, 피부 면역을 지키는 과학적인 전략입니다.

### (4) 전문 시술: 염증성 노화를 직접 타겟팅하는 방법

**스킨케어와 생활습관으로도 조절이 어려운 경우, 전문의의 손을 빌리는 것도 방법입니다.**

- 레이저 치료 → 염증 후 색소 침착을 줄이고, 피부결을 정돈합니다.
- 마이크로니들링(MTS) → 피부를 미세하게 자극해 콜라겐 생성을 유도**하고 피부 스스로 복원하는 힘을 깨웁니다.**

*"염증을 다스리면, 피부 나이도 달라진다."*

피부 속 염증은 조용하지만, 그 영향은 절대 조용하지 않습니다. 그 염증을 언제 알아채고, 어떻게 다스리느냐에 따라 당신의 피부는 5년, 아니 10년의 시간 차이를 가질 수 있습니다. 염증은 단순히 피부의 '적'만은 아닙니다. 때로는 피부가 보내는 재생의 신호이기도 하죠.

*"피부 속 염증을 읽을 수 있다면, 그 순간부터 노화는 더 이상 필연이 아닙니다."*

**피부 상태별 항염 조합 가이드**

| 피부 상태 | 주요 증상 | 권장 성분 및 전략 | 추천 루틴 예시 |
|---|---|---|---|
| 예민 +<br>붉음 +<br>따가움 | 피부가 쉽게 달아오르고, 작은 자극에도 붉어짐 홍조/자극감 발생 | √ **나이아신아마이드**<br>(장벽 강화)<br>√ **알로에 베라, 카모마일**(진정)<br>√ **센텔라아시아티카**<br>(재생) | • 저자극 진정 세럼<br>• 냉장 보관한 젤 타입 수딩 마스크<br>• 미온수 세안 후 바로 보습 |
| 건조 +<br>당김 +<br>민감 | 각질 들뜸, 건조함, 당김, 메이크업 들뜸 | √ **세라마이드**<br>(장벽 보충)<br>√ **판테놀, 비타민 E**<br>(보습/항산화)<br>√ **히알루론산**<br>(수분 공급) | • 리치한 보습제 사용<br>• 수분앰플 + 오일앰플 레이어링<br>• 실내 가습, 하루 8컵 이상 수분 섭취 |
| 색소침착 +<br>잡티 +<br>피부톤 칙칙 | 기미, 염증 후 색소침착, 불균형한 피부톤 | √ **비타민 C**<br>(멜라닌 억제)<br>√ **나이아신아마이드**<br>(색소 억제 + 장벽 강화)<br>√ **감초 추출물** | • 오전: 비타민C 세럼 + 자외선 차단제<br>• 밤: 나이아신아마이드 크림<br>• 색소 침착 부위 국소 관리 |
| 잔주름 +<br>탄력 저하 +<br>늘어짐 | 모공 확장, 눈가 잔주름, 피부 꺼짐 | √ **펩타이드**<br>(콜라겐 합성 촉진)<br>√ **아스타잔틴, Q10**<br>(항산화)<br>√ **레티놀 저농도 or 바쿠치올** | • 밤 전용 리프팅 크림<br>• 마이크로니들 패치 병행<br>• 주 1~2회 저자극 리프팅 마스크 |
| 트러블 +<br>피지 +<br>붉은 여드름 흔적 | 턱, 볼, 이마 등 반복되는 뾰루지와 붉은 자국 | √ **살리실산(BHA)**<br>(각질·피지 조절)<br>√ **녹차 추출물, EGCG**<br>(항염)<br>√ **징크 PCA**<br>(피지 억제) | • 저자극 클렌징 + BHA 토너<br>• 트러블 부위 국소 진정 세럼<br>• 유분 줄이고 수분 중심 스킨케어 |

TIP "피부 상태는 계절, 호르몬, 스트레스에 따라 유동적"이므로, 이 조합은 고정된 해답이 아닌 '가이드라인'입니다.

• 피부 컨디션이 복합적으로 나타날 경우, **가장 민감한 증상에 우선 대응**하고 천천히 루틴을 확장하는 것이 좋습니다.

# 6장

# 피부노화 관리

### 과학으로 되돌리는 시간: 스킨케어와 시술의 진화

한때 우리는 노화를 '어쩔 수 없는 자연의 흐름'이라 여겼습니다. 거울 속 깊어지는 주름과 무너지는 윤곽선을 보며, "그래, 나이 들면 원래 이렇지"라고 스스로를 위로했죠. 하지만 이젠 다릅니다. 지금의 우리는 피부를 단순히 관리하는 시대에 살고 있지 않습니다. 피부과학의 놀라운 진화는 '나이 들지 않는 얼굴'을 단지 꿈이 아닌 전략으로 바꾸어 놓았습니다. 콜라겐은 다시 만들어지고, 탄력은 다시 되살아나며, 심지어 세포의 유전자 발현까지 조절 가능한 시대-우리는 지금 '노화'라는 시계를 되돌리는 분기점에 서 있습니다.

물론, 선택지는 무수히 많습니다. 광고는 넘쳐나고, 정보는 범람하지만 과연 어떤 선택이 진짜 내 피부에 효과가 있을까? 무엇이 과학이고, 무엇이 환상일까? 이 장에서는 그 해답을 찾아 나섭니다. 피부의 자가 재생 능력을 자극하는 성분과 기술, 염증과 산화를 조절하는 스킨케어 전략, 진피 깊숙이 작용하는 의료 시술의 원리, 최신 안티에이징 연구가 밝혀낸 '되돌림의 기술'.

노화는 막을 수 없습니다. 하지만 그 속도를 늦추고, 방향을 바꾸는 일은 이제 가능합니다. 당신의 피부가 다시 빛나기 시작하는 그 순간까지-이 장이, 과학이라는 지도 위에 놓인 가장 현실적인 항로가 되어드릴 것입니다. 이제, 피부 나이의 시계를 되돌리는 여정이 시작됩니다.

## 1. 스킨케어의 진화: 바르는 시대에서, 침투하는 시대로

한때 스킨케어는 그저 피부 위에 바르고, 흡수를 바라보는 기다림의 의식이었습니다. 하지만 지금의 스킨케어는 단순한 습관이 아닌, 피부 과학과 기술이 만난 정밀 전략입니다. 이제 우리는 '효과 있는 성분'만큼이나, 그 성분이 얼마나 잘 전달되느냐를 이야기합니다.

피부는 생각보다 훨씬 완강한 장벽입니다. 겉에 바른다고 해서 속까지 도달하진 않죠. 그래서 현대의 스킨케어는, "들어가게 만드는 기술"에 집중하기 시작했습니다.

### (1) 스마트 전달 시스템의 비약적 발전

효과는 결국, 도달한 곳에서 시작됩니다.

- **리포좀**: 피부 세포막과 유사한 구조로 만든 '지질 캡슐'이 유효성분을 감싸고, 피부 장벽을 통과해 진피 깊숙이 전달합니다. 마치 정해진 목적지까지 성분을 안전하게 운반하는 '생체 택배'처럼 작동하죠.
- **나노에멀전**: 입자를 눈에 보이지 않을 정도로 작게 쪼갬으로써 흡수력과 안정성을 극대화한 기술. 입자 하나하나가 미세한 틈으로 스며들며 피부 속에 안착합니다.
- **마이크로니들**: 손으로는 느껴지지 않을 만큼 미세한 바늘을 통해 유효성분을 물리적으로 침투시킵니다. 바르는 것이 아니라, 직접 주입하는 스킨케어로 진화한 셈이죠.

### (2) 하나에 여러 효과: 이중 기능성 성분의 시대

피부 고민은 하나가 아닙니다. 그래서 요즘 화장품은 하나의 성분에 다수의 효과를 담아냅니다.

- **나이아신아마이드**: 미백 + 피지 조절 + 장벽 강화

- **레티놀**: 주름 개선 + 각질 정돈 + 콜라겐 합성 촉진
- **아데노신**: 주름 개선 + 탄력 강화

이제 스킨케어는 단순한 '예방'의 개념을 넘어, 피부 구조에 실질적으로 작용하는 리페어 테크놀로지로 진화하고 있습니다.

### (3) 나에게 딱 맞는 '맞춤형 스킨케어'의 부상

과거엔 '내 피부에 잘 맞는 제품'을 찾았다면, 지금은 '나만을 위한 제품을 설계'하는 시대입니다. 피부 유전자 분석으로 피부 노화의 경향을 미리 파악하고 마이크로바이옴 진단을 통해 피부 생태계를 조절하며 AI 진단 앱으로 내 피부 상태를 실시간으로 추적해 가장 적절한 조합의 제품과 성분을 제안받을 수 있습니다.

결론은 하나입니다. 스킨케어는 더 이상 '표면을 관리하는 습관'이 아닙니다. 그것은 내 피부 안으로 성분을 정확히 도달시키고, 내 피부만의 유전자와 상태를 기반으로 설계된 과학적 전략입니다. 이것이 바로, '바르는 시대'를 지나 '침투하는 시대'에 들어선 스킨케어의 진짜 진화입니다.

## 2. 피부 시술의 현재: 빛, 바늘, 전류… 피부는 과학을 기억한다

이제 피부과 시술은 단순한 '미용 시술'이 아닙니다. 그것은 피부의 기억을 되살리고, 시간의 흔적을 되돌리는 과학입니다. 기술이 달라지자, 접근도 달라졌습니다. 레이저, 고주파, 마이크로니들, 초음파,

전류 등 피부는 이 모든 자극을 세포 단위에서 기억하고 반응합니다.

그저 주름을 없애는 것이 아니라, 콜라겐을 다시 짜고, 엘라스틴을 되살리며, ECM(세포외기질)을 복원해 피부 본연의 구조를 다시 구축하는 것이죠.

### (1) 레이저&고주파: 콜라겐을 깨우는 열의 자극

- **프락셔널 레이저**: 미세한 열 손상을 가해 피부의 자연 치유력을 활성화시킵니다.
  콜라겐 재생, 색소 개선, 모공 수축까지–피부에 '리셋' 버튼을 누르는 효과
- **고주파(RF)**: 진피층 깊숙이 열을 전달해, 콜라겐 섬유를 수축시키고 새로 만들도록 유도
  피부가 '내부에서부터 당겨지는' 리프팅 효과를 보여줍니다.

### (2) MTS&마이크로니들링: 피부를 자극해 재생을 유도하다.

- **마이크로니들(MTS)**: 수천 개의 미세 바늘로 피부에 일시적 통로를 열어 유효 성분이 진피까지 도달할 수 있게 하고, 그 자극으로 콜라겐 재생을 유도합니다.
- **더마샷, 스킨부스터와의 결합**: 히알루론산, PDRN, 펩타이드, NMN 등 피부 활성 성분을 함께 주입하면 **"즉각적인 생기 + 장기적인 구조 복원"**이라는 더블 효과를 기대할 수 있습니다.

### (3) 고주파 + 초음파 + 전류: 복합 에너지로 피부 깊숙이 작용

요즘 피부과 기기들은 '단일 에너지'보다 '복합 에너지 자극'에 집중

합니다. 서로 다른 에너지를 피부에 주입해, 한 번의 시술로 다양한 층을 동시에 자극하는 방식입니다.

- **초음파**: 고주파보다 더 깊은 층에 도달해 진피 아래 SMAS층까지 자극, 강력한 리프팅 효과를 선사합니다.
- **EMS 전류 자극**: 미세 전류를 이용해 근육까지 움직여 '탄력 있는 얼굴 근육'을 되찾는 효과를 줍니다.

### (4) 재생 솔루션의 진화

단순 주입을 넘어 '생물학적 회복'으로 이제는 단순히 피부에 '채워 넣는 것'을 넘어서, 피부 세포의 기능을 회복시켜 자가 회복력을 끌어올리는 방식이 주목받고 있습니다.

PDRN(연어 DNA), Exosome(엑소좀), 성장인자, 줄기세포 유래 물질-이들은 세포 수준에서 피부 재생을 유도하는 '재생 시그널'로 작용합니다. 히알루론산 + NMN + 펩타이드 복합체 등 최신 스킨부스터는 단순한 수분 공급이 아니라, "피부의 에너지 대사와 재생을 되살리는 생명학적 접근"입니다.

### 결국 시술은 피부가 기억하는 자극이어야 한다.

오늘날의 피부 시술은 단순히 겉을 바꾸는 기술이 아닙니다. 그것은 피부에 '치유의 신호'를 보내고, 세포가 자신을 다시 복구하도록 유도하는 과학입니다. 피부는 정확한 자극을 기억하고, 정확한 성분을 만나면, 다시 회복할 수 있는 힘을 가졌습니다.

피부는 늙지 않습니다. 늙는 건 그 피부가 받지 못한 자극, 채워지지 않은 회복력입니다. 그 회복을 과학으로 도와줄 수 있다면 우리는, 더 천천히 나이 들어갈 수 있습니다.

## 3. 노화를 늦추는 고기능 성분 베스트

스킨케어는 더 이상 '기분 전환'이 아닌, 과학적 전략입니다. 어떤 성분을 어떻게 쓰느냐가 당신의 피부 나이를 결정합니다. 다음의 고기능 성분들은 노화를 늦추는 피부 과학의 프론트라인입니다.

### 1) 레티놀(Retinol)

**주름과의 전쟁, 최전선의 분자**

비타민 A 유도체로, 진피층까지 침투해 콜라겐 생성 촉진, 세포 턴오버, 피부결 개선에 기여합니다. 꾸준히 사용하면 주름은 옅어지고, 모공은 조여지며, 피부는 한층 매끄러워집니다.

📌 주의사항

- 초기엔 따가움, 각질 가능 → 저농도부터 시작
- 밤 전용 사용 + 자외선 차단제 병행 필수

### 2) 나이아신아마이드(Niacinamide)

**진정, 미백, 장벽까지, 올라운더의 귀환**

비타민 B3의 활성형으로,

- 멜라닌 이동 억제 → 색소침착 감소

- 피지 조절 → 트러블 완화
- 세라마이드 합성 증가 → 장벽 회복

민감하거나 지성 피부에도 부담 없이 사용할 수 있는 다기능 성분입니다.

### 3) 비타민 C(Ascorbic Acid)

**산화를 멈추고, 빛을 더하는 성분**

활성산소(ROS)를 억제해 산화 스트레스 차단, 콜라겐 생성을 유도하고 멜라닌 합성에 작용해 기미·잡티·홍조 개선에 효과적입니다.

TIP 아침에 사용하면 광노화 예방 효과 상승
고함량 + 안정화된 포뮬러 제품 권장

### 4) 펩타이드(Peptide)

**피부 세포에 노화 방지 신호를 보내는 메신저**

짧은 아미노산 사슬로 구성된 펩타이드는 섬유아세포를 자극해 콜라겐, 엘라스틴, 히알루론산을 생성하게 만듭니다.

| 펩타이드 | 기능 |
|---|---|
| 아세틸헥사펩타이드-8 | 표정 주름 완화(보톡스 유사 작용) |
| 팔미토일펜타펩타이드 | 콜라겐 유도 → 탄력 증가 |
| 노나펩타이드-1 | 멜라닌 억제 → 색소 침착 완화 |

복합 펩타이드가 함유된 제품은 입체적 안티에이징에 효과적입니다.

### 5) 아스타잔틴(Astaxanthin)

**비타민 C의 600배 항산화력, 바다에서 온 방패**

강력한 항산화 작용으로 광노화 예방, 수분 손실 방지, 잔주름·피부 탄력 개선에 효과적입니다. 특히 미세먼지·자외선 노출이 잦은 환경에서 피부를 지켜주는 지질 친화적 항산화제로 주목받고 있습니다.

### 6) EGF(Epidermal Growth Factor)

**피부 세포에게 회복을 지시하는 성장 신호**

본래 인체에 존재하는 성장인자로, 피부에 도포 시 세포 재생, 콜라겐 회복, 상처 치유를 유도합니다. 시술 후, 노화 피부의 재건을 유도하는 데 특화된 성분입니다.

**함께 기억해야 할 성분들**

| 성분 | 주요 기능 |
|---|---|
| PDRN(연어 DNA) | 세포 재생 유도, 항염, 진정 |
| Exosome(엑소좀) | 세포 간 전달체, 전반적 재생 유도 |
| 바쿠치올 | 식물성 레티놀, 저자극 주름 개선 |
| 히알루론산 | 수분 보유력 ↑, 피부 볼륨감 회복 |
| 코엔자임 Q10 | 피부 에너지 공급, 항산화 |

성분은 피부가 이해하는 언어입니다. 어떤 성분을 쓰느냐보다, 어떻게 조합할 것인지, 어떤 환경에서 사용할 것인지, 얼마나 꾸준히 사용할 것인지가 진짜 관건입니다.

노화는 시간의 문제지만, 그 속도는 당신이 선택하는 성분에 따라 달라질 수 있습니다. 이제는 성분의 이름만 아는 시대가 아니라, 그 성분의 '언어와 문법'을 읽을 수 있는 시대입니다. 당신의 스킨케어 루틴이 과학을 품을 때, 피부는 나이보다 오래 빛날 수 있습니다.

## 4. 피부 상태별 맞춤 안티에이징 루틴

피부는 '나이'보다 '상태'에 반응합니다. 같은 40대라도 어떤 피부는 20대 같고, 또 어떤 피부는 50대처럼 보입니다. 그 차이는 바로 '지금 피부의 상태'를 읽는 능력에서 시작됩니다. '피부 나이'를 되돌리고 싶다면, 지금 이 순간 당신의 피부가 보내는 신호를 먼저 해석해야 합니다.

### 1) 민감하고 예민한 피부

- **신호**: 붉어짐, 따가움, 온도 변화에 민감, 장벽 약화
- **전략**
  - 우선순위는 '진정'과 '장벽 회복'
  - 자극 없는 처방(무향, 무알코올, 저자극 테스트 완료 제품)
- **추천 성분**: 나이아신아마이드, 판테놀, 알란토인, 센텔라아시아티카

### 2) 탄력 저하형 노화 피부

- 특징: 눈가 잔주름, 팔자 주름, 늘어진 턱선
- 전략
  - 콜라겐 재생 유도 + 리프팅 자극
  - 고기능 크림 + 리프팅 마스크 + 고주파 디바이스 병행

- 추천 성분: 레티놀, 펩타이드, 아스타잔틴, 히알루론산

### 3) 색소침착&칙칙한 피부

- **신호**: 기미, 잡티, 염증 후 색소침착, 피부 톤 불균형
- **전략**
  - 멜라닌 억제 + 턴오버 가속화
  - 아침: 미백 세럼 + 자외선 차단 / 밤: 재생 중심 루틴
- **추천 성분**: 비타민 C, 트라넥사믹애씨드, 감초 추출물, 나이아신아마이드

### 4) 지성 · 트러블형 노화 피부

- **신호**: 유분 과다, 반복 트러블, 넓은 모공
- **전략**
  - 피지 조절 + 항염 + 진정
  - 과각질 제거는 피하고, 부드러운 재생 중심 관리
- **추천 성분**: BHA(살리실산), EGCG, 징크 PCA, 녹차 추출물, EGF

## 5. 연령대별 안티에이징 전략

피부는 10년마다 달라집니다. 그리고 그 리듬에 맞는 루틴이 필요합니다.

### 1) 20대 후반~30대 초반

- **키워드**: 예방이 곧 치료

- **전략**
  - 자외선 차단 + 수분 유지 + 초기 항산화
  - 야근, 스트레스, 미흡한 클렌징이 노화의 문을 엽니다.
- **추천 성분**: 비타민 C, 히알루론산, 나이아신아마이드

**2) 30대 중반~40대**

- **키워드**: 탄력 저하 방어, 색소 차단, 회복력 확보
- **전략**
  - 콜라겐 합성 유도 + 피부결 재생
  - 염증성 노화에 집중(자외선, 스트레스, 수면 부족)
- **추천 성분**: 펩타이드, 레티놀, 트라넥사믹애씨드, 아스타잔틴

**3) 50대 이후**

- **키워드**: 회복보다 재생
- **전략**
  - 진피 활성화 + 밀도 복원 + 장벽 보호
  - 시술 병행 시, 효과 배가
- 추천 성분: EGF, PDRN, 엑소좀, 세라마이드

## 6. 전문가 시술 선택 가이드

"무엇이 효과적인가?"가 아니라, "지금 내 피부에 맞는가?"가 더 중요합니다.

| 피부 고민 | 추천 시술 | 기대 효과 | 시술 주기 |
|---|---|---|---|
| 잔주름·탄력 저하 | 레이저 프락셔널, RF 고주파, 하이푸, 마이크로니들링(MTS) | 콜라겐 생성, 리프팅, 피부결 개선 | 3~6회 |
| 색소침착·잡티 | IPL, 피코레이저, 레이저 토닝 | 기미·잡티 완화, 피부톤 개선 | 2~4주 간격 / 4회 이상 |
| 광노화 + 전체적 노화 | 엑소좀 주사, PDRN, PRP | 재생 촉진, 피부 밀도 회복, 염증 완화 | 15회 |
| 민감성 피부 | LDM, 진정관리 레이저, 염증 후 재생주사 | 염증 완화, 장벽 회복, 붉음 개선 | 2주 간격 / 4회 이상 |
| 넓은 모공·피지 조절 | $CO_2$ 프락셔널, 아그네스, PDT(광역동요법) | 피지선 축소, 모공 수축, 트러블 개선 | 월 1회 / 3~5회 |

*노화는 '시간'이 만드는 것이 아닙니다.*

*노화는 '선택'이 만드는 결과입니다.*

피부는 매일 기억하고, 반응하고, 회복합니다. 그러니 지금의 선택이 바로 내일의 얼굴을 설계하는 순간입니다. 피부는 거울입니다. 당신이 어떤 삶을 살아왔는지, 어떤 환경에서 스스로를 돌보았는지, 말없이 다 기억하고 있는 생체의 일기장이죠. 이 책을 통해 저는 단순히 주름을 줄이는 기술이나, 유행하는 성분을 소개하고 싶었던 것이 아닙니다. 우리가 살아가는 동안, 내 몸이 나에게 보내는 신호를 읽고, 더 잘 듣고, 더 잘 보살필 수 있게 되길 바랐습니다. '늙지 않는 얼굴'이란 결국, '오랫동안 나답게 살아가는 얼굴'입니다. 과학은 그 여정을 도울 수 있고, 성분은 그 언어가 되어줍니다. 이제 당신의 얼굴에, 당신의 시간을 아름답게 새기세요. 피부는 언제나, 당신의 편입니다.

# 부록

# [부록 1]

### 피부 장벽 자가진단 체크리스트

지금 나의 피부 장벽 상태는 건강할까요? 아래 항목에 해당하는 것이 몇 개인지 체크해 보세요. (※ 5개 이상 해당된다면 피부 장벽이 약화되었을 가능성이 높습니다.)

| 체크 항목 | 예 / 아니오 |
|---|---|
| ① 세안 후 3분 안에 피부가 당긴다 | □/□ |
| ② 계절이 바뀔 때마다 피부 트러블이 생긴다 | □/□ |
| ③ 따뜻한 물로 세안하면 피부가 붉어지고 간지럽다 | □/□ |
| ④ 아무리 보습제를 발라도 금방 건조해진다 | □/□ |
| ⑤ 각질이 들뜨거나 하얗게 올라오는 부위가 있다 | □/□ |
| ⑥ 햇볕을 조금만 쐬어도 피부가 따갑고 자극을 느낀다 | □/□ |
| ⑦ 메이크업이 들뜨고 뭉치며 잘 안 먹는다 | □/□ |
| ⑧ 민감성, 아토피, 접촉성 피부염 등의 이력이 있다 | □/□ |

### 🌢 나의 점수에 따른 피부 장벽 케어 가이드

| 진단 결과 | 피부 상태 | 추천 루틴 |
|---|---|---|
| 0~2개 해당 | 건강한 피부 장벽 | 수분+자외선 차단 위주 기본 관리 유지 |
| 3~4개 해당 | 약간 약화된 장벽 | 세안법 점검 + 진정 & 보습 중심 루틴 필요 |
| 5개 이상 | 손상된 장벽 | 저자극 클렌징, 고보습+장벽 회복 성분 집중 케어 |

### 피부 장벽 회복을 위한 키워드 성분 가이드

| 기능 | 대표 성분 | 설명 |
|---|---|---|
| 보습 | 히알루론산, 글리세린, NMF | 수분 끌어당기고 유지 |
| 장벽 복구 | 세라마이드, 콜레스테롤, 지방산 | 지질층 회복, 방수막 재건 |
| 진정 | 판테놀, 알란토인, 병풀추출물 | 자극받은 피부 진정 및 회복 유도 |
| 자외선 차단 | 무기자차 성분(징크옥사이드 등) | 손상 예방, 피부 장벽 보호 |

TIP

- "보습"은 물 + 기름 두 가지가 함께 있어야 효과적입니다. 수분 세럼 후 크림으로 마무리하는 이중 보습 루틴이 이상적입니다.
- "순한 세안"은 약산성 클렌저, 미온수 사용, 손으로 문지르지 않는 습관부터 시작됩니다.

# [부록 2]

**안티에이징 핵심 전략 정리표**

| 항목 | 핵심 내용 | 실천 포인트 |
|---|---|---|
| **1. 자외선 차단** | 노화 유발 1순위인 **광노화**(photodamage) 예방 | SPF 30 이상, PA+++ / 매일 아침, 흐린 날에도 / 덧바르기 중요 |
| **2. 항산화 케어** | 활성산소(ROS)로 인한 세포 손상 차단 → 탄력 유지 + 색소 개선 | 아침: 비타민 C / 저녁: 비타민 E or 글루타티온 포함 크림 사용 |
| **3. 장벽 강화** | 세라마이드, 판테놀, 나이아신아마이드로 피부 장벽 재건 → 예민감소 + 회복력 증진 | 민감 시기엔 각질 제거 중단, 진정 중심 루틴 구성 / 보습제는 "리치하지만 흡수력 좋은 제형" 선택 |
| **4. 콜라겐 자극** | 펩타이드, 레티놀, MTS 등으로 진피층 섬유아세포 활성화 → 탄력 개선 + 주름 완화 | 레티놀은 주 2~3회부터 시작 / 펩타이드는 매일 밤 가능 / 시술 병행 시 성분 순도 확인 |
| **5. 색소/톤 개선** | 멜라닌 이동 차단 + 턴오버 촉진으로 잡티, 기미, 얼룩진 톤 정리 | 나이아신아마이드, 트라넥사믹애씨드, 레이저 병행 / 비타민 C는 아침 집중 사용, 자외선 차단 필수 |
| **6. 수면 & 회복** | 피부 회복은 **밤 10시~새벽 2시** 사이 활발 → 회복력의 핵심 시간대 | 7시간 이상 숙면 유지 / 카페인, 알코올 줄이기 / 자기 전 진정 루틴 & 침실 환경 정돈 |
| **7. 정기 시술** | 기능성 시술은 진피층 활성화에 직접 작용 → 빠른 탄력 회복, 깊은 주름 개선 | 피부 상태 따라 1~2개월 주기로 시술 / 시술 후에는 자극 없이 재생 중심 루틴 필수 |

# [부록 3]

**일주일 안티에이징 루틴 플래너(중~고기능 루틴 기준. 피부 타입별 조정 가능)**

| 요일 | 아침 루틴 | 저녁 루틴 | 특별 관리 |
|---|---|---|---|
| 월요일 | 약산성 클렌징 → 비타민 C 세럼 → 수분크림 → 자외선 차단제 | 클렌징 → 진정 토너 → 레티놀 크림(저농도) → 수분 진정 팩 | 레티놀 도포 후 수분크림 겹바름 |
| 화요일 | 클렌징 → 항산화 토너 → 나이아신아마이드 세럼 → 유분+수분 밸런스 크림 → 자외선 차단 | 약산성 클렌징 → 콜라겐 크림 + 펩타이드 세럼 레이어링 | 저녁: 리프팅 마사지 5분 |
| 수요일 | 클렌징 → 미백 앰플 → 데이 리치크림 → 자외선 차단 | 클렌징 → EGF 앰플 + 리페어 밤 → 립 & 아이크림 | 시술 or 엑소좀 앰플 도포 (주 1회) |
| 목요일 | 클렌징 → 비타민 C → 항산화 크림 → 자외선 차단 | 클렌징 → 나이아신아마이드 + 저자극 레티놀 → 고보습 슬리핑팩 | 고주파 디바이스 or 쿨링롤러 (5~10분) |
| 금요일 | 클렌징 → 수분세럼 → 펩타이드 크림 → 자외선 차단 | 약산성 클렌징 → 마이크로니들 마스크 or 재생팩 → 재생 크림 | 수분팩 or MTS 시술 후 진정 |
| 토요일 | 클렌징 → 비타민 C + 히알루론산 세럼 → 산뜻한 젤크림 → 자외선 차단 | 클렌징 → 저자극 필링 or 엔자임 각질 제거 → 장벽강화 크림 | 저녁: 20분 수면팩 + 넥케어 |
| 일요일 | 클렌징 → 무자극 토너 → 항산화 미스트 + 수분 크림 | 클렌징 → 판테놀 진정 세럼 → 수분 슬리핑 마스크 | **피부 휴식일**: 필링·레티놀·활성성분 중단 |

TIP
- 자극 성분(레티놀, 필링)은 화·목·금처럼 중간 요일에 집중하고, 수·일은 재생과 진정 위주의 피부 '휴식일'로 설정하면 피부 부담이 적습니다.
- 시술 전후, 생리 기간, 급성 트러블기 등에는 진정 루틴만 간단히 유지하는 것이 회복에 도움이 됩니다.

## [부록 4]

**[일상 속 피부 노화에 관한 Q&A]**

**작지만 결정적인 질문들: 당신의 피부 루틴을 지켜주는 따뜻한 조언**

피부는 우리에게 매일 신호를 보냅니다. 하지만 바쁜 일상 속에서 우리는 그 목소리를 자주 놓치게 됩니다. 부록 4는 단지 정보를 주기 위함이 아니라, **당신의 피부와 그 피부를 돌보는 당신을 위한 대화**입니다.

자주 묻는 질문들에, 그리고 **아직 말하지 못했지만 마음속에 맴돌았을 질문들**에 이 책의 필자가 먼저 답을 건넵니다.

---

Q. 요즘 피부가 예전보다 푸석해요. 나이 때문일까요?

A. **'나이'보다 '회복력'의 문제일 수 있습니다.** 피부가 단순히 늙는 게 아니라, **회복하는 속도가 느려지는 것**입니다. 수면, 스트레스, 수분 섭취 같은 일상의 작은 균형이 무너지면 피부는 쉽게 푸석하고 탄력을 잃습니다. 피부가 보내는 신호를 놓치지 마세요. 조금만 쉬어도, 다시 좋아질 수 있습니다.

---

Q. 자외선 차단제를 흐린 날도 꼭 발라야 하나요?

A. **네, 구름 뒤에도 UVA는 존재합니다.** 광노화를 유발하는 자외선은 흐린 날에도 **80% 이상 도달**합니다. '오늘은 비 오니까 괜찮겠지'라는 방심이, 광노화를 만드는 가장 조용한 습관이 될 수 있어요.

Q. 나이아신아마이드를 아침에도 써도 되나요?

**A. 물론입니다. 나이아신아마이드는 자외선과도 궁합이 좋은 성분입니다.** 피부 톤 개선과 장벽 강화에 탁월하며, 비타민 C보다 자극이 적어 **아침 미백 루틴에도 적합**합니다. 단, 고농도는 건조감이 있을 수 있으니 **수분크림을 함께 사용**하세요.

---

Q. 저녁에 피곤해서 스킨케어를 건너뛰면 피부에 큰일 날까요?

**A. 하루쯤은 괜찮습니다. 중요한 건 '지속'보다 '복귀'입니다.** 피부도 쉼이 필요할 때가 있습니다. 스킨케어를 못 했다고 죄책감 가지지 마세요. 내일 다시 부드럽게 닦아주고, 수분 듬뿍 올려주세요. **피부는 당신의 성실함보다, 애정을 기억합니다.**

---

Q. 수면팩은 매일 해도 되나요?

**A. 피부는 집중 케어도 좋아하지만, 쉬는 날도 필요합니다.** 수면팩은 **일주일 2~3회**, 특히 피부가 지쳤을 때 사용해 주세요. 매일 바르면 오히려 **과보습 → 트러블 유발**이 될 수 있습니다. '적당히'가 피부에도 가장 현명한 리듬입니다.

---

Q. 스크린 타임이 피부 노화에 정말 영향을 주나요?

**A. 네, 블루라이트는 특히 민감성 피부에게 광노화 요인이 되곤 합니다.** HEV(고에너지 가시광선)는 활성산소를 생성해 탄력 저하를 유발합니다. 장시간 컴퓨터, 스마트폰 사용 시엔 **HEV 차단 스킨케어**나 **화면 필터**를 활용해보세요. 당신의 피부는 작은 차이도 기억합니다.

Q. 에어컨 바람을 자주 맞으면 꼭 가습기를 써야 하나요?

**A. 에어컨도 히터도 피부에겐 '수분 도둑'입니다.** 실내 습도는 피부 장벽의 회복력에 큰 영향을 줍니다. 가습기 사용이 어렵다면, 책상 옆에 **수건에 물 적셔 두기, 미스트 수시 사용, 보습제 레이어링**도 좋은 대안입니다.

---

Q. 매일 똑같은 루틴, 바꿔야 할까요?

**A. 계절과 피부 상태에 따라 리듬은 조정되어야 합니다.** 스킨케어는 **일상의 습관이자 피부와의 대화**입니다. 피부가 말합니다. "지금 너무 답답해", "좀 더 수분이 필요해", "피곤해 보여"…

그때 그때 맞춰주는 유연함이 피부에겐 최고의 맞춤 관리입니다.

---

Q. 아침에 물 세안만 해도 괜찮을까요?

**A. 피부 타입에 따라 정답은 다릅니다.**

- 민감성·건성 피부: 클렌징 워터 or 물 세안으로 최소 자극
- 지성·여드름 피부: 가벼운 젤 클렌저 사용 추천

**정답은 당신의 피부가 느끼는 것**입니다. 가장 개운하고 편안한 방법을 선택하세요.

---

Q. 마스크팩은 꼭 필요할까요?

**A. 필요하다기보다, '있으면 확실히 다르다'는 정도입니다.** 피부가 유난히 지친 날, 마스크팩 한 장은 피부에게 '괜찮아, 오늘 수고했어'라고 말하는 위로가 됩니다. 단, **지나친 사용은 오히려 밸런스를 무너**

**뜨릴 수 있으니 주 1~2회가 적당합니다.**

---

Q. 피부가 예민해졌을 때는 어떻게 해야 하나요?

**A. 멈추는 것부터 시작하세요.** 예민할 때는 '무엇을 더할까'보다 '무엇을 덜어낼까'를 먼저 고민해야 합니다. 화장품 수 줄이기, 세안 횟수 줄이기, 자극 줄이기. 이 3가지만 지켜도 피부는 다시 회복할 힘을 갖게 됩니다.

---

Q. 진짜 좋은 피부는 어떤 피부일까요?

**A. "지금 내 피부가 편안하다"라고 느낄 수 있는 상태예요.** 광이 반짝이는 것도, 모공이 안 보이는 것도 좋지만 무엇보다 중요한 건 **피부가 나를 힘들어하지 않는 상태**입니다. 그게 바로, 건강하고 젊은 피부의 본질입니다.

---

**피부는 기억합니다.**

무엇을 먹었는지, 어떻게 잠들었는지, 얼마나 사랑받았는지.

피부를 위한 습관은 거창한 뷰티템보다, '오늘도 내 피부를 살펴준 나의 손길'에 더 큰 영향을 받습니다.

이 책을 덮는 순간, 당신이 손끝에 올린 첫 번째 루틴이 바로 피부 노화 관리를 시작하는 순간입니다. 그리고 그 순간이 쌓일수록, 피부는 더 젊어집니다.

## 작가의 말

마지막 페이지를 덮으며

피부는 우리가 살아온 시간을 고요히 보여주는 곳입니다. 아무 말 없이도, 요즘 내가 얼마나 바쁘고, 얼마나 지쳐 있으며, 또 얼마나 나 자신을 돌보지 못했는지를 고스란히 드러냅니다.

이 책을 쓰며 바랐던 건 단 하나였습니다. 누군가가 피부를 조금 더 깊이 이해하는 계기가 되기를.

그 누군가가 스킨케어 전문가든, 화장품을 기획하는 사람이든, 혹은 거울 앞에서 문득 한숨을 쉬는 어느 날의 '나' 자신이든 말이죠.

사실 저 역시 여전히 배우는 중입니다. 피부 노화를 가르치던 사람에서, 직접 제품을 만들고 실험하는 사람이 되기까지 많이 배웠고, 여전히 배워야 할 것도 많습니다. 그 과정 속에서의 고민과 경험, 그리고 지금도 매일 새롭게 깨닫는 것들을 조심스럽게 담았습니다.

이 책이 특별하길 바라지는 않습니다. 다만, 당신이 책을 다 읽고 난 뒤 피부를 조금 더 이해하게 되었고, 스스로를 돌보는 일에 조금 더 애정을 품게 되었다면 그걸로 충분합니다.

피부는 우리가 어떻게 살아왔는지를 기억합니다. 그리고, 사랑한 만큼 다시 살아납니다.

그 첫 손길을, 오늘 당신이 시작했기를 바랍니다.

2025년 7월

이지영 드림

*Lee JiYoung*

# 참고문헌

[Author's Research and Related Publications]

1. Lee, Ji−Young. (2022). Changes in Cosmetic Consumption Value and the Effects of Product and Service Quality Factors on Customer Purchasing Behavior and Satisfaction in the Untact Era. Doctoral Dissertation, Konkuk University.
2. Lee, Ji−Young et al. (2022). Recent Research Trends in Functional Cosmetic Ingredients for Wrinkle Improvement. Journal of the Society of Cosmetic Scientists of Korea.
3. Lee, Ji−Young et al. (2023). Effects of Consumer Consumption Value and Psychological Status on Cosmetics Repurchase Behavior in the COVID−19 Era.

[General References]

1. Fisher, G. J., Varani, J., & Voorhees, J. J. (2008). Looking older: fibroblast collapse and therapeutic implications. Archives of Dermatology, 144(5), 666 − 672. DOI: 10.1001/archderm.144.5.666
2. Kligman, A. M., & Kligman, L. H. (1980). Photoaging. Journal of the American Academy of Dermatology, 3(3), 527 − 539. DOI: 10.1016/S0190−9622(80)80178−0
3. Gilchrest, B. A., & Krutmann, J. (Eds.) (2006). Skin Aging. Berlin: Springer. DOI: ISBN: 978−3540302733
4. Zhang, S., & Duan, E. (2018). Fighting against skin aging: The way from bench to bedside. Cell Transplantation, 27(5), 729 − 738. DOI: 10.1177/0963689717725755
5. Narayanan, D. L., Saladi, R. N., & Fox, J. L. (2010). Ultraviolet radiation and skin cancer. International Journal of Dermatology, 49(9), 978 − 986. DOI: 10.1111/j.1365−4632.2010.04474.x
6. Pinnell, S. R. (2003). Cutaneous photodamage, oxidative stress, and topical antioxidant protection. Journal of the American Academy of Dermatology, 48(1), 1 − 19. DOI: 10.1067/mjd.2003.44
7. Choi, C. M., & Berson, D. S. (2006). Cosmeceuticals. Seminars in Cutaneous Medicine and Surgery, 25(3), 163 − 168. DOI: 10.1016/j.sder.2006.06.009
8. Del Bino, S., Sok, J., Bessac, E., & Bernerd, F. (2011). Contribution of melanin and melanosomes to epidermal defense against UV damage. Pigment Cell & Melanoma Research, 24(1), 4 − 13. DOI: 10.1111/j.1755−148X.2010.00752.x

9. Wlaschek, M., & Scharffetter−Kochanek, K. (2006). Oxidative stress in chronic UV−induced skin aging and photoaging. Biological Chemistry, 387(10−11), 1381−1389. DOI: 10.1515/BC.2006.172

10. Kim, Y. J., & Uyama, H. (2005). Tyrosinase inhibitors from natural and synthetic sources: structure, inhibition mechanism and perspective for the future. Cellular and Molecular Life Sciences, 62(15), 1707−1723. DOI: 10.1007/s00018−005−5054−y

11. Lee, J. Y., et al. (2020). *Effect of face mask on skin characteristics changes during the COVID-19 pandemic. Skin Research & Technology*, Wiley.
(Study by Amorepacific: published in an SCI−indexed international journal.)

12. LANEIGE Research Team. (2021). *#4 Has our skin changed in a world altered by COVID-19? LBLL Magazine*, Amorepacific.
(An internal observational study on mask−induced skin changes among adults in their 30s and 40s.)

13. Jo, K. H., et al. (2020). *Reversing cellular aging by modulating PDK1 signaling: A systems biology approach to rejuvenate dermal fibroblasts.* KAIST & Amorepacific Joint Research Report.
(Systems biology−based modeling to reverse aging in dermal fibroblasts by suppressing PDK1.)

14. Korea Biotechnology Industry Organization. (2021). *Industry trends in cosmetics and therapeutics based on the skin microbiome. Bio Economy Brief, No. 97.* KoreaBIO.
(A report analyzing the application of skin microbiome technology in cosmetics and therapeutic development.)

# 찾아보기

**이지영**

건국대학교 일반대학원 화장품공학 박사
건국대학교 산업대학원 향장학 석사

현) 화장품 R&D 개발팀 팀장 / 기능성 화장품 성분 자문 전문가
전) 성결대학교 바이오화장품공학과 특임교수
전) 세계사이버대학교 피부미용뷰티학과 겸임교수

# 피부노화학

## 늙지 않는 얼굴은 없다

**저 자** 이지영
**발 행 인** 김지영
**발 행 처** 자유아카데미
**주 소** 경기도 파주시 회동길 37-42
파주출판도시
**전 화** 031-955-1321
**팩 스** 031-955-1322
**홈페이지** www.freeaca.com
**전자우편** main@freeaca.com(대표)
editor@freeaca.com(편집)
crm@freeaca.com(영업)
**등 록** 제406-2003-017호, 1980. 7. 12
**제1판1쇄** 2025년 07월 25일 발행


ISBN 979-11-5808-731-9 93470